生命理工系のための
大学院基礎講座
― 生物化学

梶原 将／編

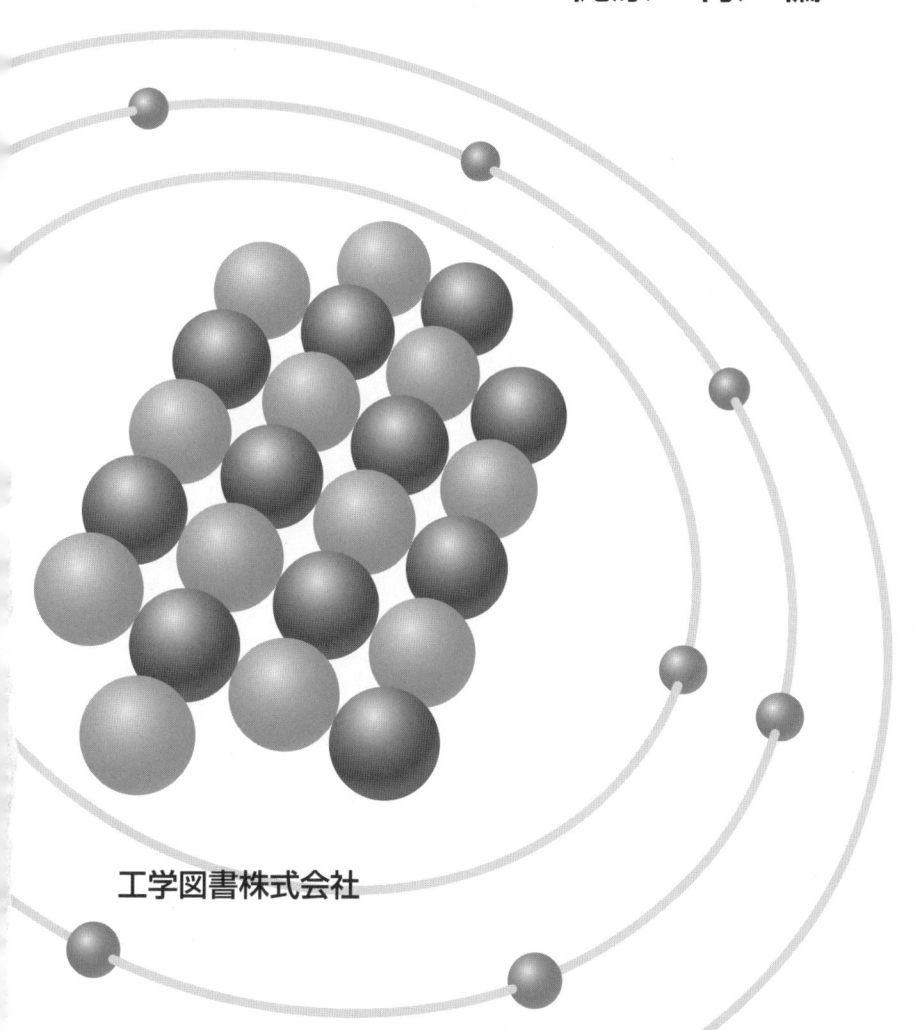

工学図書株式会社

執筆者一覧 （五十音順，＊は編者，かっこ内は担当章）

一瀬　　宏	東京工業大学大学院生命理工学研究科・分子生命科学専攻(3)
岩﨑　博史	東京工業大学大学院生命理工学研究科・生体システム専攻(1)
小倉俊一郎	東京工業大学大学院生命理工学研究科・共通バイオフロンティア講座(4)
＊梶原　　将	東京工業大学大学院生命理工学研究科・共通講座(7)
近藤　科江	東京工業大学大学院生命理工学研究科・生体分子機能工学専攻(8)
田川　陽一	東京工業大学大学院生命理工学研究科・生体分子機能工学専攻(10)
丹治　保典	東京工業大学大学院生命理工学研究科・生物プロセス専攻(11)
筒井　康博	東京工業大学大学院生命理工学研究科・生体システム専攻(1)
徳岡　宏文	東京工業大学大学院生命理工学研究科・分子生命科学専攻(3)
中村　　聡	東京工業大学大学院生命理工学研究科・生物プロセス専攻(2)
廣田　順二	東京工業大学バイオ研究基盤支援総合センター(9)
福居　俊昭	東京工業大学大学院生命理工学研究科・生物プロセス専攻(5)
和地　正明	東京工業大学大学院生命理工学研究科・生物プロセス専攻(6)

まえがき

　現代生命科学は発展著しく，次々に新たな発見や発明が見いだされている．また，それらを応用した技術開発もめざましく，ひと昔前では夢のような技術とされていたテーラーメード医療も現実味を帯びてきており，まちがいなく21世紀中には個々に最適化された治療が受けられるようになる．

　そのようななかで，生物化学，有機化学，物理化学という3つの化学分野は，生命科学の根底をなす専門分野であり，生命体を分子レベルまで読み解いて理解するうえで，必要不可欠なものと考えられている．そしてこれらの分野の研究開発は日進月歩で発展してきており，その基盤領域から最新の発見・発明を反映した先端領域までを含めると膨大な情報量となっていて，それらをきちんと理解するためには，基盤となる領域を長期に亘って繰り返し学習することが必要であろう．本書は，その意味において，大学院の初期課程で，先端生命科学，とくに理工学に根ざした最新の生物分野を学ぶために基盤となる領域を，大学学部時代の復習も少し踏まえ，広く理解できるようになっている．

　一方，近年実業界からは，理系の大学卒業者や大学院修了者の基礎理工系分野(数学，物理，化学)の学力低下が，語学力やコミュニケーション力などと同じように問題視されている．実際に企業や社会において生じるさまざまな課題を，いろいろな専門知識や技術を駆使して柔軟に対応し，適切に解決するためには，これら基礎理工系分野の修得は，高度な技術系人材として不可欠な要素であろう．

　東京工業大学大学院生命理工学研究科では，大学院での教育の質を向上させ，かつ実社会において必要とされる知識・技能も最先端の狭域な専門分野の知識とともに身につけることができるように，新たな教育プログラムを導入した．そのプログラムでは，理工系の先端生命科学を学ぶうえで，また生命を扱う高度な理工系人材の基盤となる専門知識として，3つの化学分野(生物化学，有機化学，物理化学)を特定し，これらの知識を大学院修士課程の初期学習段階において学生全員に十分に理解させることとした．それぞれの専門分野を得意とする教員が集まり，生命理工系の大学院の基盤知識として必要な学習項目を議論して選定し，それらの各項目を教授することとした．そして，それらの講義内容や図表などをまとめた教科書を製作することとなった．

まえがき

　有機化学に関しては，すでに3年前に「生命理工系のための大学院基礎講座―有機化学」として出版しており，本書はその生物化学版である．

　本書は，DNA（遺伝子），タンパク質，代謝，細胞，工学への応用の5つのセクションに大別され，各セクションの中から大学院の基盤知識として重要な項目を選び，それぞれについて大学学部の時に学んだ知識を確認しつつ，大学院レベルでの基盤専門知識を身につけられるように構成されている．本書は，生命理工系の大学院生のための生物化学の導入書として位置づけているので，まずは一読して全体を理解し，生物化学という分野にさらに興味をもってもらうことが執筆者らの願いである．そのなかでより関心のある領域に対しては，各章末に紹介している参考文献などでさらに学習し理解を深めることを推奨する．なお，生物化学という専門領域は大変幅広く，本書のみですべての項目を網羅することは到底不可能であるので，さらに広く深く学びたい読者は他の生物化学系の専門書を利用していただきたい．

2014年3月

東京工業大学大学院生命理工学研究科

梶原　将

目　　次

執筆者一覧 ·· ii
まえがき ··· iii

■ 1　ゲノム情報の継承と細胞増殖 ··· 1

1.1　細胞周期と細胞分裂 ··· 1
　　1.1.1　間期から M 期への移行 ·· 1
　　1.1.2　減数分裂機構 ··· 6
1.2　DNA 複製 ·· 7
　　1.2.1　複製開始機構 ··· 7
　　1.2.3　DNA 鎖の伸長 ·· 10
1.3　DNA 修復，組換え，突然変異，チェックポイント ············· 10
　　1.3.1　複製エラーの修復 ·· 11
　　1.3.2　塩基損傷の修復 ··· 11
　　1.3.3　DNA 二本鎖切断の修復 ·· 15
　　1.3.4　複製後修復と突然変異 ··· 20
　　1.3.5　プログラムされた DNA 切断と生理機能 ···················· 21
1.4　細胞周期のチェックポイントによる制御とゲノム不安定病 ··· 22
　　1.4.1　DNA 損傷チェックポイント ···································· 22
　　1.4.2　スピンドル集合チェックポイント ···························· 23

■ 2　原核生物における遺伝子発現とタンパク質生産の効率化 ········ 25

2.1　外来遺伝子の転写 ··· 25
　　2.1.1　強力かつ発現調節可能なプロモーターの利用 ············· 25
　　2.1.2　転写終結の効率化 ·· 28
2.2　外来遺伝子の翻訳 ··· 29
2.3　外来遺伝子のコピー数 ··· 31
2.4　外来タンパク質の安定性 ·· 31
　　2.4.1　外来タンパク質の分泌 ··· 32
　　2.4.2　プロテアーゼ欠損変異株の利用 ······························· 33
　　2.4.3　融合遺伝子の利用 ·· 33

v

2.5　外来タンパク質の分離・精製 …………………………………………… 34
2.6　封入体の形成と活性タンパク質の回収 ………………………………… 35
　2.6.1　封入体の形成 ……………………………………………………… 35
　2.6.2　封入体からの活性タンパク質の回収 ………………………… 36
2.7　分子シャペロンの利用 …………………………………………………… 38
　2.7.1　細胞内におけるタンパク質折りたたみ機構 …………………… 38
　2.7.2　外来遺伝子と分子シャペロン遺伝子の共発現 ………………… 39

3　核内受容体 …………………………………………………………………… 41

3.1　核内受容体リガンドの両親媒性 ………………………………………… 41
3.2　核内受容体の構造 ………………………………………………………… 42
3.3　作用機序による分類 ……………………………………………………… 43
　3.3.1　Ⅰ型核内受容体 ……………………………………………………… 43
　3.3.2　Ⅱ型核内受容体 ……………………………………………………… 44
　3.3.3　Ⅲ型核内受容体 ……………………………………………………… 45
　3.3.4　Ⅳ型核内受容体 ……………………………………………………… 45
3.4　リガンドによる活性化作用と拮抗作用 ………………………………… 45
　3.4.1　作 動 薬 ……………………………………………………………… 45
　3.4.2　拮 抗 薬 ……………………………………………………………… 46
　3.4.3　反 作 用 薬 …………………………………………………………… 46
　3.4.4　受容体活性の選択的調節 ………………………………………… 46
3.5　核内受容体ファミリー …………………………………………………… 46
　3.5.1　甲状腺ホルモン受容体 …………………………………………… 50
　3.5.2　レチノイン酸受容体およびレチノイドⅩ受容体 ……………… 50
　3.5.3　ペルオキシゾーム増殖剤応答性受容体 ………………………… 51
　3.5.4　ビタミンD受容体 ………………………………………………… 52
　3.5.5　ステロイドホルモン受容体 ……………………………………… 52

4　タンパク質の構造と機能 …………………………………………………… 55

4.1　アミノ酸の性質とタンパク質の構造 …………………………………… 56
4.2　タンパク質の翻訳とプロセシング ……………………………………… 59
4.3　タンパク質の翻訳後修飾 ………………………………………………… 61
　4.3.1　リン酸化 ……………………………………………………………… 61
　4.3.2　メチル化 ……………………………………………………………… 61
　4.3.3　糖鎖付加（グリコシル化） ………………………………………… 62
　4.3.4　脂質付加 ……………………………………………………………… 62
　4.3.5　補欠分子の共有結合 ………………………………………………… 62

4.3.6　N 末端および C 末端の修飾 ·· 62
　　　4.3.7　ヒドロキシル化 ·· 63
　　　4.3.8　ユビキチン付加 ·· 63
　4.4　プロテアーゼの構造と機能 ·· 64
　4.5　質量分析法によるタンパク質の解析 ·· 65
　4.6　バイオマーカーの探索と応用 ·· 68

5　原核生物におけるエネルギー代謝の多様性 ···································· 71

　5.1　ATP 生成反応 ·· 72
　5.2　グルコースの異化代謝と好気呼吸 ·· 73
　5.3　嫌気呼吸 ·· 76
　　　5.3.1　硝酸呼吸 ·· 76
　　　5.3.2　硫酸呼吸 ·· 76
　　　5.3.3　炭酸呼吸（メタン生成） ·· 78
　　　5.3.4　金属イオンや無機化合物を電子受容体とする呼吸 ······················ 79
　　　5.3.5　有機化合物を電子受容体とする呼吸 ·· 81
　5.4　発　　　酵 ·· 81
　　　5.4.1　乳酸発酵とエタノール発酵 ·· 82
　　　5.4.2　アセトン・ブタノール・エタノール発酵 ·································· 83
　　　5.4.3　発酵の多様性 ·· 83
　5.5　電子供与体の多様性 ·· 84

6　微生物の代謝制御 ·· 87

　6.1　アミノ酸発酵の歴史 ·· 88
　　　6.1.1　うま味の発見 ·· 88
　　　6.1.2　グルタミン酸生産法の変遷 ·· 88
　　　6.1.3　グルタミン酸生産菌の発見 ·· 89
　　　6.1.4　グルタミン酸発酵工業の現状 ·· 90
　6.2　グルタミン酸の発酵機構 ·· 90
　　　6.2.1　これまでの背景 ·· 90
　　　6.2.2　NCgl1221 機械刺激感受性チャンネルの発見 ···························· 92
　6.3　アミノ酸生産菌の育種 ·· 94
　　　6.3.1　育種の基本戦略 ·· 94
　　　6.3.2　トレオニン生産菌の育種 ·· 95
　6.4　生産菌育種の最近の試み ·· 97
　　　6.4.1　ゲノム育種 ·· 97
　　　6.4.2　ミニマムゲノムファクトリー ·· 98

目　次

  6.4.3　合成生物学 ……………………………………………………………… 99

7　真核生物の代謝制御 …………………………………………………… 101

 7.1　エネルギー代謝制御 ………………………………………………………… 101
  7.1.1　AMP活性化タンパク質キナーゼ ……………………………………… 102
  7.1.2　AMPによる酵素阻害 …………………………………………………… 105
 7.2　ホルモンによるエネルギー代謝調節 ……………………………………… 106
  7.2.1　インスリンによるエネルギー代謝調節 ……………………………… 106
  7.2.2　グルカゴン，アドレナリンによるエネルギー代謝調節 …………… 108
 7.3　摂食調節物質によるエネルギー代謝調節 ………………………………… 109
  7.3.1　糖　尿　病 ………………………………………………………………… 109
  7.3.2　グ レ リ ン ………………………………………………………………… 110
  7.3.3　レ プ チ ン ………………………………………………………………… 110
  7.3.4　アディポネクチン ……………………………………………………… 111

8　がんの生物学 …………………………………………………………… 113

 8.1　がんの定義と分類 …………………………………………………………… 113
 8.2　発がんの要因 ………………………………………………………………… 114
  8.2.1　微生物感染 ……………………………………………………………… 115
  8.2.2　遺伝的要因 ……………………………………………………………… 115
  8.2.3　環境的要因 ……………………………………………………………… 115
 8.3　がん化の機構 ………………………………………………………………… 116
  8.3.1　細胞分裂制御の異常 …………………………………………………… 116
  8.3.2　分化制御の異常 ………………………………………………………… 117
  8.3.3　遺伝子修復の異常 ……………………………………………………… 117
  8.3.4　エピジェネティク制御の異常 ………………………………………… 118
  8.3.5　アポトーシスの制御異常 ……………………………………………… 118
 8.4　がん化に関連する遺伝子変化 ……………………………………………… 119
  8.4.1　発がんウイルス ………………………………………………………… 119
  8.4.2　がん遺伝子 ……………………………………………………………… 120
  8.4.3　がん抑制遺伝子 ………………………………………………………… 120
  8.4.4　多段階発がん …………………………………………………………… 123
 8.5　がん細胞の特性 ……………………………………………………………… 123
  8.5.1　培養における増殖特性 ………………………………………………… 123
  8.5.2　解糖系代謝の亢進 ……………………………………………………… 124
  8.5.3　脱　分　化 ………………………………………………………………… 126
  8.5.4　がん化シグナル ………………………………………………………… 126

- 8.6 生体レベルでのがん化 ······················· 127
  - 8.6.1 がんという組織 ······················· 127
  - 8.6.2 免疫とがん ························· 128
  - 8.6.3 がんの微小環境 ······················· 128
  - 8.6.4 低酸素がん細胞の治療抵抗性 ·············· 129
  - 8.6.5 幹細胞様がん細胞 ····················· 130
- 8.7 低酸素とがんの分子生物学 ··················· 130
  - 8.7.1 低酸素誘導因子 HIF ··················· 131
  - 8.7.2 プロリン水酸化酵素を介する HIFα タンパク質制御 ··· 132
  - 8.7.3 HIF-1 の翻訳レベル制御 ················ 132
  - 8.7.4 糖代謝と HIF ······················· 133
  - 8.7.5 治療抵抗性と HIF ···················· 133
  - 8.7.6 がんの治療標的としての HIF ············· 134

9 発生工学を用いる個体レベルでの遺伝子操作とその応用 ··· 137

- 9.1 トランスジェネシス-トランスジェニック動物作製技術 ··· 137
  - 9.1.1 トランスジェニックマウスの作製原理 ········ 137
  - 9.1.2 トランスジェニックマウスを用いる実験法 ····· 138
- 9.2 遺伝子ターゲティング―標的遺伝子改変技術 ········ 139
  - 9.2.1 標的遺伝子改変技術の基本原理 ············ 139
  - 9.2.2 コンベンショナルノックアウトマウス ········ 141
  - 9.2.3 コンディショナルノックアウトマウス ········ 141
- 9.3 トランスジェネシス，遺伝子ターゲティング法の利用 ·· 144
  - 9.3.1 IRES 配列を利用するバイシストロニックな遺伝子発現 ·· 144
  - 9.3.2 トランスジェネシスの応用―エンハンサー・プロモーター解析 ·· 145
  - 9.3.3 酵素・蛍光タンパク質の個体レベルでの利用 ··· 146
- 9.4 今後の展開 ····························· 147

10 ほ乳類細胞培養の基礎と応用 ··············· 149

- 10.1 細胞培養技術 ··························· 149
  - 10.1.1 無菌的な環境と操作 ··················· 149
  - 10.1.2 細胞の培養方法 ····················· 150
  - 10.1.3 DNA 導入法 ······················· 151
  - 10.1.4 細胞の凍結保存 ····················· 153
- 10.2 ほ乳動物の培養細胞 ······················ 153
  - 10.2.1 初代培養細胞 ······················· 153
  - 10.2.2 細 胞 株 ·························· 154

10.2.3　初　期　胚 ………………………………………………… 155
　　　10.2.4　幹　細　胞 ………………………………………………… 156
　　　10.2.5　胚性幹細胞の樹立と培養 …………………………………… 157
　　　10.2.6　iPS 細胞 …………………………………………………… 159
　　10.3　ES/iPS 細胞の応用 ……………………………………………… 160
　　　10.3.1　発 生 工 学 …………………………………………………… 160
　　　10.3.2　発生・分化 …………………………………………………… 160
　　　10.3.3　再生医学と動物実験代替システム ………………………… 161

11　微生物を用いた排水の浄化 ……………………………………… 163
　　11.1　酸素消費速度を基準とする水質の評価 ………………………… 163
　　11.2　標準活性汚泥法 …………………………………………………… 163
　　11.3　窒素の循環と水系からの除去 …………………………………… 165
　　11.4　リンの除去 ………………………………………………………… 168
　　11.5　汚泥の処理 ………………………………………………………… 169
　　11.6　酸素の供給 ………………………………………………………… 171

付　　　録 ………………………………………………………………… 175
参　考　書 ………………………………………………………………… 181
索　　　引 ………………………………………………………………… 183

1 ゲノム情報の継承と細胞増殖

　細胞増殖は，細胞の構成成分を倍加し，それらを姉妹細胞に分配するというプロセスの繰り返しである．その根本となる反応は，染色体 DNA の複製とその分配であり，いずれも巧妙な制御機構によってゲノム情報が正確に継承されている．また，DNA は紫外線や化学変異原などで容易に損傷し，その損傷が突然変異や細胞死の原因となるため，細胞には DNA 損傷の種類に応じてさまざまな修復経路が備わっている．ここでは，ゲノム情報の正確な継承を保障するこれらの細胞の仕組みについて概説する．

1.1 細胞周期と細胞分裂

　体細胞分裂における細胞周期は，細胞が分裂する分裂期（M 期）とそれ以外の時期（間期）からなる．間期は，DNA を複製する複製期（S 期），M 期から S 期までの G1 期，S 期から M 期までの G2 期に分けられる．細胞周期の進行は，サイクリン依存性タンパクキナーゼ（CDK, cyclin-dependent protein kinase）が担っている．CDK は，細胞周期特異的なサイクリン分子と複合体を形成することで活性化するセリントレオニンキナーゼである．サイクリンは細胞周期の特定の時期に合成され，その後不要になると速やかに分解される．G1 期と S 期の間は G1/S 期サイクリン，S 期には S 期サイクリン，G2 期から M 期にかけては G2/M 期サイクリンがそれぞれ発現する．活性化した CDK-サイクリン複合体は，それぞれさまざまな基質タンパク質をリン酸化し，それらの活性や局在などを制御することを通して，細胞周期の主要なイベントを制御する．

1.1.1 間期から M 期への移行

　G2/M-CDK の活性化に伴って M 期進入が誘導されると，染色体の凝集と分配，微小管構造変化，細胞小器官の再編成などが起こる．M 期は前期，前中期，中期，

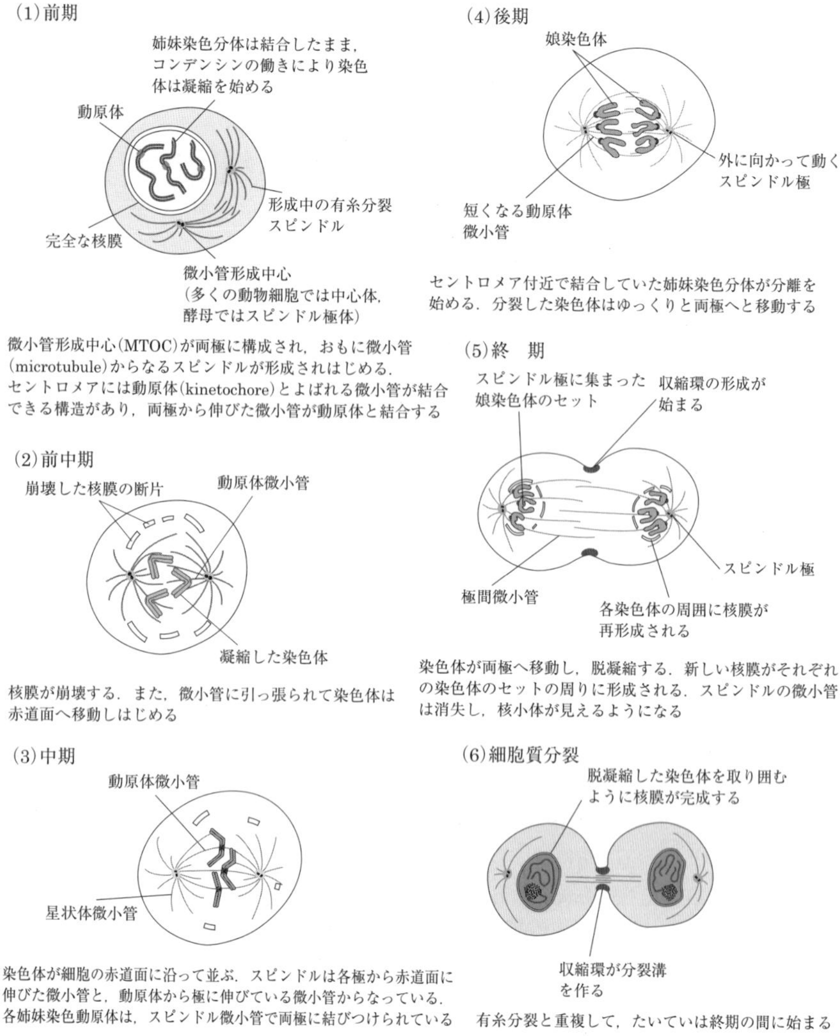

1 ゲノム情報の継承と細胞増殖

(1) 前期

動原体／姉妹染色分体は結合したまま，コンデンシンの働きにより染色体は凝縮を始める／形成中の有糸分裂スピンドル／完全な核膜／微小管形成中心（多くの動物細胞では中心体，酵母ではスピンドル極体）

微小管形成中心(MTOC)が両極に構成され，おもに微小管(microtubule)からなるスピンドルが形成されはじめる．セントロメアには動原体(kinetochore)とよばれる微小管が結合できる構造があり，両極から伸びた微小管が動原体と結合する

(2) 前中期

崩壊した核膜の断片／動原体微小管／凝縮した染色体

核膜が崩壊する．また，微小管に引っ張られて染色体は赤道面へ移動しはじめる

(3) 中期

動原体微小管／星状体微小管

染色体が細胞の赤道面に沿って並ぶ．スピンドルは各極から赤道面に伸びた微小管と，動原体から極に伸びている微小管からなっている．各姉妹染色動原体は，スピンドル微小管で両極に結びつけられている

(4) 後期

娘染色体／外に向かって動くスピンドル極／短くなる動原体微小管

セントロメア付近で結合していた姉妹染色分体が分離を始める．分裂した染色体はゆっくりと両極へと移動する

(5) 終期

スピンドル極に集まった娘染色体のセット／収縮環の形成が始まる／極間微小管／スピンドル極／各染色体の周囲に核膜が再形成される

染色体が両極へ移動し，脱凝縮する．新しい核膜がそれぞれの染色体のセットの周りに形成される．スピンドルの微小管は消失し，核小体が見えるようになる

(6) 細胞質分裂

脱凝縮した染色体を取り囲むように核膜が完成する／収縮環が分裂溝を作る

有糸分裂と重複して，たいていは終期の間に始まる

図 1.1 間期から M 期への移行．

後期，終期に形態上分類される（図1.1）．ヒトを含め多くの生物種では，前期から前中期にかけて核膜崩壊が起こる．酵母では核膜崩壊が観察されないが，同様の各期が存在すると考えられている．

A. 染色体の挙動

M 期にみられる染色体凝縮と分配は，コンデンシン複合体，コヒーシン複合体がそれぞれ関与する．どちらのタンパク質複合体も，SMC とよばれる長いコイルドコ

	コヒーシン複合体			コンデンシン複合体	

| 体細胞分裂期コヒーシン ||| 減数分裂期コヒーシン ||| コンデンシン I ||| コンデンシン II |||
出芽酵母	分裂酵母	ヒト	出芽酵母	分裂酵母	ヒト	出芽酵母	分裂酵母	ヒト	出芽酵母	分裂酵母	ヒト
Smc1	Psm1	SMC1α	Sme1	Psm1	SMC1β	Sme2	Cut14	SMC2	—	—	SMC2
Smc3	Psm3	SMC3	Smc3	Psm3	SMC3	Smc4	Cut3	SMC4	—	—	SMC4
Scc1/Mcd1	Rad21	RAD21	Rec8	Rec8	REC8	Brn1	Cnd2	CAP-H	—	—	CAP-H2
Scc3	Psc3	SA1, SA2	Scc3	Psc3	SA1, SA2	Yeg4	Cnd1	CAP-D2	—	—	CAP-D2
						Yeg1	Cnd3	CAP-G	—	—	CAP-G2

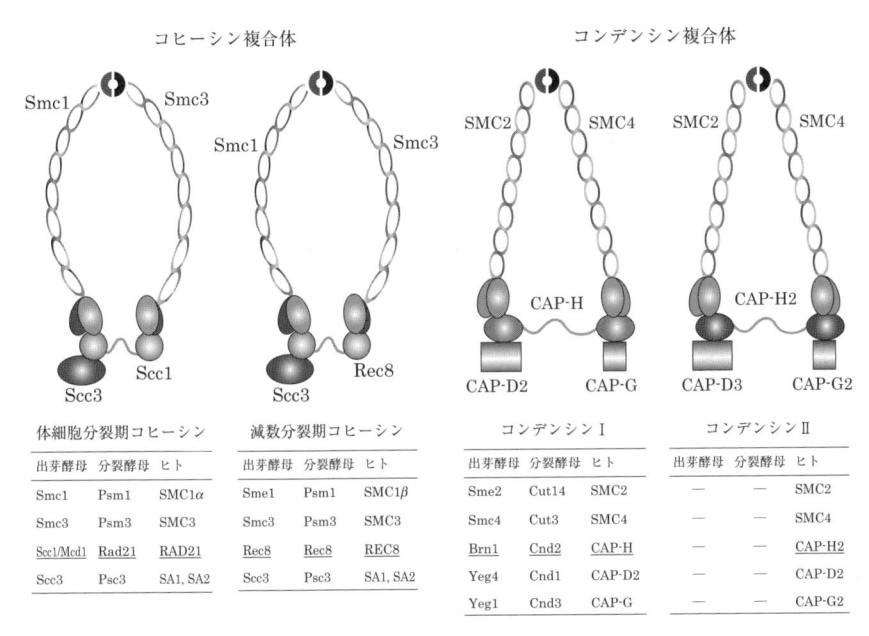

図 1.2 コンデンシン複合体とコヒーシン複合体．表は SMC サブユニット．クライシンサブユニットは下線で表示．

イル構造をもつコアサブユニットが，ヒンジ領域を介してヘテロ二量体を形成し，さらに 2, 3 種類の非 SMC タンパク質が結合し複合体を形成する（図 1.2）．

M 期特異的に，コンデンシンは G2/M-CDK によって活性化され，染色体凝縮を引き起こす．コンデンシンは V 字型構造をしていると考えられている．ヒトなどの高等生物では I 型と II 型が存在し，染色体凝縮過程で機能的に異なる役割をもつが，酵母は 1 種類のコンデンシンのみをもつ．

コヒーシンは，DNA 複製に共役して姉妹染色分体接着の確立にかかわる．コヒーシンはリング構造で姉妹染色分体の周りを取り囲むと考えられており，分裂中期まで物理的に姉妹染色分体をつなぎ止めている．染色体腕部におけるコヒーシンは，ポロ様キナーゼやオーロラキナーゼによるリン酸化によって解消されるが，セントロメア近傍のコヒーシンは，シュゴシンと脱リン酸化酵素 PP2A の働きによって保護される．分裂後期に移行すると，タンパク質分解酵素であるセパラーゼによるコヒーシンの物理的崩壊が起こる．セパラーゼは，その制御因子であるセキュリンと中期までは強く結合して不活性状態にあるが，後期に進入するとセキュリンがユビキチンリガーゼ APC/C（anaphase promoting complex/cyclosome）によりユビキチン・プロテアソーム依存的にタンパク質分解され，セパラーゼが活性化される．セパラーゼがクライシン

サブユニットを切断するとコヒーシンのリング構造が崩れ，姉妹染色分体がスピンドル(spindle，紡錘体)微小管によって両極へ引っ張られて，染色体分離が完了する．

原核生物にもSMC，非SMCタンパク質からなる類似の複合体が存在し，染色体凝縮，分配に必須である．さらに，ヒト，酵母を含めて真核生物には，第三のリング構造SMC複合体(Smc5/6複合体)が存在し，DNA修復，組換えへの関与が明らかになっている．

B. 細胞質微小管の消失とスピンドル形成

微小管が結合する染色体の特殊構造は動原体(キネトコア)とよばれ，表1.1に示すCENP-Aや構成的動原体タンパク質群(CCAN)，KMNネットワークタンパク質群など，非常に多くのタンパク質からなる複合体である．微小管はおもにα，βチューブリンヘテロ二量体が重合したバイオポリマーであり，比較的安定なマイナス端と，ダイナミックなプラス端が存在する．マイナス端とプラス端の両側から重合と脱重合が可能であるが，重合が起きやすいプラス端は動原体捕捉に必須である．マイナス端は微小管の重合開始に重要で，微小管形成中心からのスピンドル微小管伸長の基点となる．スピンドル微小管は，極-動原体間微小管と極間微小管によって構成される．極-動原体間微小管はプラス端が動原体を捕捉し，コヒーシンを失った姉妹染色分体を両極方向へと引っ張る働きをもつ．他方，極間微小管はスピンドル微小管構造維持に必要である．両極から対称的に形成される微小管を，双極性スピンドル微小管とよぶ．またスピンドル微小管による姉妹動原体捕捉過程は，染色体二方向性とよばれる．

C. 動原体補足と双極性結合

出芽酵母では1本の微小管が動原体を捕捉するが，分裂酵母では2〜4本，動物細胞ではおよそ20本の微小管により捕捉される．スピンドル微小管が動原体を捕捉する際に，ランダムな探査と捕捉により行われる．微小管が動原体と最初に結合するのは，プラス端ではなく側面である．

動原体が捕捉されると，微小管に沿ってマイナス端方向へ運搬される．微小管のプラス端と動原体との結合が側面結合から末端結合へと変換され，二方向性の確立へと向かう．このプロセスは，KMNネットワークタンパク質群など多数の因子(表1.1)が関与する．前述のコヒーシンは，姉妹動原体間に物理的な張力を付与することにより二方向性の確立に寄与する．また，オーロラBキナーゼを含む染色体パッセンジャー複合体(CPC)は，複数のKMNネットワークタンパク質群をリン酸化することを介して，動原体とスピンドル微小管との結合を不安定化する活性をもち，染色体とスピンドル微小管とのまちがった結合(姉妹動原体が片方の極と結合したシンテリック結合や，1つの動原体に両極からの微小管が結合したメロテリック結合など)を修正して，双極性微小管結合の確立を促す．

表 1.1 主要な動原体の構成因子と微小管の安定化因子

		出芽酵母	分裂酵母	ヒト
	ヒストンH3バリアント	Cse4	Cnp1/Sim2	Cenp-A
	構成的動原体タンパク質群 (CCAN)	Mif2	Cnp3	Cenp-C
		Mcm16	Fta3	Cenp-H
		Ctf3	Mis6	Cenp-I
			Sim4	Cenp-K
			Fta1	Cenp-L
		Iml3	Mis17	Cenp-M
インナーキネトコア (inner kinetochore)		Chl4	Mis15	Cenp-N
		SPBC800/Cnp20		Cenp-T
				Cenp-W
		YOL86-A	Mhf1	Cenp-S
			Mhf2	Cenp-X
			Fta4	Cenp-U/50
		Mcm21	Mal2	Cenp-O
		Ctf19	Fta2	Cenp-P
				Cenp-Q
			Fta7	Cenp-R
	Ndc80複合体	Ndc80	Ndc80	Ndc80
		Nuf2	Nuf2	Nuf2
		Spc24	Spc24	Spc24
		Spc25	Spc25	Spc25
アウターキネトコア (outer kinetochore)	Mis12複合体	Mtw1	Mis12	Mis12
		Dsn1	Dsn1/Mis13	Dsn1
		Nnf1	Nnf1	Nnf1
		Nsl1	Nsl1/Mis14	Nsl1
	KNL1	Spc105	Spc7	KNL1
		Cbf1	Abp1/Cbh1/Cbh2	Cenp-B
インナーセントロメア (inner centromere)	染色体パッセンジャー複合体 (CPC)	Ipl1	Ark1	Aurora-B
		Sli15	Pic1	INCENP
		Bir1	Bir1/Cut17	Survivin
		Nbl1	Nbl1	Borealin

5

1.1.2 減数分裂機構

　真核生物が新たな個体を作る仕組みは，無性生殖と有性生殖の２つに分類される．無性生殖では，分裂や出芽などによって２つ以上の個体を生じる．ほとんどの場合は有糸分裂によって生じるために，その子孫は親と同一の遺伝情報をもつ．このような遺伝的に同一な生物の集団をクローンとよぶ．一方，有性生殖では，２つの個体間で遺伝情報をやりとりし，両親と異なる遺伝情報をもつ個体を生み出す．この過程で，２種の配偶子が作られ，これが受精（または接合）して接合子となり，その後，接合子は分裂を繰り返して新しい個体になる．一般的には，配偶子は２つの別の親から得られるが，１つの親が両方の配偶子を作ることもある（自家受精）．動物では，卵と精子が配偶子で，受精卵が接合子である．二倍体の親から作られる配偶子は，１セットの染色体だけもつ一倍体であり，受精するとそれぞれが一倍体の染色体を出しあうので，受精卵（配偶子）では二倍体の染色体数に回復する．このように，配偶子を形成する過程で染色体の数を半減させる分裂様式を減数分裂とよぶ．減数分裂の１つの大きな特徴は配偶子の遺伝情報が再編成されることで，これによって種の多様性が創出・維持される．

A. 減数分裂期の染色体分配

　減数分裂の細胞周期は G1 期に分岐し，減数分裂前 DNA 複製により染色体を倍加したあとに，染色体数を半分だけもつ配偶子を形成するための２回の連続する核分裂と，それに伴う特殊な染色体の分配様式をとっている（減数第一・第二分裂）．減数分裂前 DNA 複製を経た染色体は，相同染色体どうしで対合を作り，シナプトネマ複合体として知られる特徴的な構造が形成される．このとき，相同染色体間で交差型組換えが起こり（1.3.5 参照），キアズマが形成される．減数第一分裂では，姉妹染色分体の動原体は一方の極から伸びた動原体微小管によって捕えられる．対合した相同染色体（の姉妹染色分体）が反対極のスピンドルにより捕えられると，相同染色体間のキアズマが姉妹染色分体の腕部における接着力を介して，両極から引っ張るスピンドルの張力とのバランスを保ち，対合した相同染色体（二価染色体）がスピンドル赤道面に正しく整列することができる．第一分裂後期に姉妹染色分体の腕部の接着が解離すると，キアズマを介した相同染色体間の結合は消失し，相同染色体の両極への分離が起こる．そして，姉妹染色分体はスピンドルの同一極に移動する．この核分裂は還元分裂とよばれ，減数分裂特有の染色体分配機構である．減数第二分裂では，姉妹染色分体に残った動原体部分の接着を利用して，体細胞分裂と同様の機構で姉妹染色分体の均等分配が起こり，結果として４つの一倍体の配偶子が作られる．

B. 減数分裂における還元分配と Rec8

 体細胞分裂と減数分裂では，そこに働くコヒーシン複合体の中のクライシンサブユニットが異なる（図 1.2 参照）．減数分裂特異的なクライシンサブユニット Rec8 が，減数第一分裂の還元分配に重要である．体細胞分裂期における均等分裂と異なり，減数第一分裂の還元分裂は，分裂後期に姉妹染色分体のセントロメアの接着が持続する．シュゴシンは，タンパク質脱リン酸化酵素 PP2A と相互作用して Rec8 を脱リン酸化することにより，セパラーゼによる切断から保護している．

1.2 DNA 複製

 DNA 複製は，細胞分裂に先だってゲノムが倍化する過程であり，生命の大きな特徴である自己複製能の根源を担うシステムである．複製は複製起点(ori)とよばれる特定の場所から開始する．大腸菌ではゲノム中に 1 ヵ所だけ ori が存在するが，真核生物の場合では 1 本の染色体上に複数の ori が存在する（マルチレプリコン）．大腸菌や出芽酵母の場合，自律複製配列(ARS)として分離された特定の DNA 配列が，ori を規定している．出芽酵母における ARS は約 100〜200 bp で，そこに含まれる ARS コンセンサス配列(ACS)とよばれる 11 bp からなる A/T に富んだ配列が，複製に必須な機能を果たす．しかし，生物種によってはコンセンサス配列が見つからず，また，ほ乳類などではクロマチン構造などの染色体高次構造が ori を規定している．関連するタンパク質群を表 1.2 にまとめるので，適宜参照されたい．

1.2.1 複製開始機構

 真核生物の複製開始領域には，複製起点認識複合体(ORC)が結合する．出芽酵母 ORC は ACS を認識して結合するが，哺乳類の ORC はクロマチン構造によって結合性が決まる．

 最も詳細に解析されている出芽酵母における複製開始機構のモデルを，図 1.3 に示す．CDK 活性が低い M 期後期から G1 期に，ORC の結合した ori 領域に MCM 複合体が結合して，複製前開始複合体(pre-RC)が形成される．MCM の ori へのローディングは ORC に加えて Cdc6 と Cdt1 が必要である．S 期 CDK により ORC，MCM 複合体，Cdt1，Cdc6 がリン酸化され，再複製が抑制される．

 複製が開始するためには，ori 領域へ複製酵素 DNA ポリメラーゼが結合する必要がある．Sld3-Cdc45 は，リン酸化 MCM 複合体を介して初期複製開始領域に G1 期から会合する．複製開始直前に，Sld2，Dpb11，GINS，DNA ポリメラーゼ ε(Polε)が CDK 依存的に ori 領域へ集合する．これらのうち GINS と Cdc45 は，MCM 複合

表 1.2　複製因子

複製過程	複製因子	出芽酵母	ほ乳類	備考
複製前開始複合体 (pre-replicative complex, pre-RC) 形成	複製起点認識複合体 (origin recognition complex, ORC)	ORC1 ORC2 ORC3 ORC4 ORC5 ORC6	Orc1 Orc2 Orc3 Orc4 Orc5 Orc6	
	MCM複合体	MCM2 MCM3 MCM4/CDC54 MCM5/CDC46 MCM6 MCM7/CDC47	Mcm2 Mcm3 Mcm4 Mcm5 Mcm6 Mcm7	
	Cdc6/Cdc18	CDC6	Cdc6	
	Cdt1	CDT1/TAH11	Cdt1	
フォークの形成	Sld3	SLD3	—	
	Cdc45/Sna41	CDC45	Cdc45	
	Sld2/Drc1	SLD2/DRC1	RecQL4/Rts	
	Dpb11/Cut5	DPB11	TopBP1	
	GINS (go-ichi-ni-san) 複合体	SLD5/CDC105 PSF1/CDC101 PSF2/CDC102 PSF3/CDC103	Sld5/GINS4 Psf1/GINS1 Psf2/GINS2 Psf3/GINS3	
	RPA	RFA1 RFA2 RFA3	Rpa1 Rpa2 Rpa3	
DNA合成	Polα-プライマーゼ複合体	POL1/CDC17 POL12 PRI1 PRI2	PolA1 PolA2 Prim1 Prim2	触媒サブユニット 触媒サブユニット
	Polδ	POL3/CDC2 POL31/HYS2 —	PolD1 PolD2 PolD4	触媒サブユニット
	Polε	POL2 DPB2 DPB3 DPB4	PolE1 PolE2 PolE3 PolE4	触媒サブユニット
	Mcm10	MCM10/DNA43	Mcm10	
	PCNA	POL30	Pcna	クランプ

(続く)

複製過程	複製因子	出芽酵母	ほ乳類	備考
	RF-C複合体 （PCNAクランプのローダー）	RFC1/CDC44 RFC2 RFC3 RFC4 RFC5	Rfc1 Rfc2 Rfc3 Rfc4 Rfc5	
合成鎖の結合	Lig1	CDC9	LigI	
	Dna2	DNA2	Dna2L	
	Fen1	RAD27	Fen1	
キナーゼ	S-CDK	CDC28 CKS1 CLB5, CLB6	CDK2 Cks Cyclin A, E	触媒サブユニット
	DDK	CDC7 DBF4/DNA52	Cdc7/Hsk1 Ask/Dbf4A Drf1/Dbf4B	触媒サブユニット ほ乳類では, 2種類の制御サブユニットが存在する

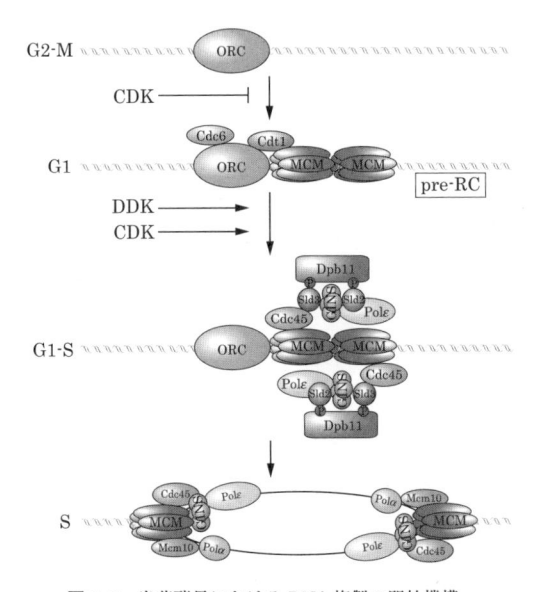

図 1.3　出芽酵母における DNA 複製の開始機構.

体とともにレプリソームとよばれる高次複合体を形成して，複製フォークの進行にかかわる．複製開始には，CDK に加えて DDK が必要である．制御サブユニットである Dbf4 は，細胞周期の制御を受け，G1/S 境界域で活性化される．DDK は Mcm2, Mcm4, Mcm6 をリン酸化し，Sld3-Cdc45 のローディングを助ける．

真核生物の複製は，細胞周期1回あたり一度しか複製が開始しないように厳密な調節を受けており，これを複製のライセンシングとよぶ．ライセンシングは，染色体の倍数性を維持し，ゲノム情報を安定に維持するための必須の仕組みである．ライセンシング機構の素過程は，ORCのリン酸化を介したMCM複合体の*ori*へのローディングの調節過程である．

1.2.3　DNA鎖の伸長

　複製開始領域にレプリソームが集合すると，二本鎖DNAが開裂し，一本鎖DNA結合タンパク質RPAが一本鎖DNAに結合して開裂構造が安定化され，DNAポリメラーゼによるDNA合成が開始する．大腸菌では，DNAポリメラーゼIIIが複製を担うDNA合成酵素の本体であるが，真核生物では，3種のDNAポリメラーゼ(Polα, δ, ε)が関与する．合成開始はPolα-プライマーゼ複合体が担う．プライマーゼがRNAプライマーを合成したのち，Polαが数十塩基の短いDNAフラグメントを合成する．この短いDNA断片から，PolδあるいはPolεがDNA合成を進める．おもに，Polδは不連続鎖(ラギング鎖)合成にかかわり，Polεは連続鎖(リーディング鎖)の合成に関与する．RNAプライマーの除去には，Dna2, Fen1ヌクレアーゼ，Polδの3′-5′校正用ヌクレアーゼが関与する．

　複製フォークは単にDNA合成の場として機能するのみならず，チェックポイント制御，複製進行と共役するクロマチン形成，ヘテロクロマチン形成とサイレンシング，姉妹染色体分体の接着やDNA損傷の対応など，さまざまな染色体動態の反応場となっている．

1.3　DNA修復，組換え，突然変異，チェックポイント

　DNA損傷として，一本鎖DNA切断，二本鎖DNA切断，アルキル化や脱アミノ化などによる塩基の化学修飾，脱塩基，チミン二量体に代表される隣接塩基間の重合，共有結合を介した二本鎖DNA間架橋などが知られている．これらのDNA損傷は，DNA複製の停止や誤塩基対合(A-T, G-Cの対ではないペア)を誘発し，その結果，突然変異や細胞死につながる．それゆえ，細胞はDNA損傷を速やかに修復する機構を有している．真核生物におけるDNA修復研究は，1960年代に分離された出芽酵母の変異株の分離が発端となり，多くのDNA修復関連遺伝子が単離・解析された．これらは*RAD*遺伝子とよばれ，ヒトを含め多くの生物からホモログが発見され解析されている．

1.3.1　複製エラーの修復

複製DNAポリメラーゼ複合体は，校正機能を有している．そのため，高い忠実度で鋳型DNAをコピーすることができ，そのエラー頻度は10^7ヌクレオチドに1回程度といわれている．複製酵素複合体の校正機能をすり抜ける場合は，誤塩基対（ミスマッチ）が形成される．この誤塩基対はミスマッチ修復機構により修正される．その結果，最終的に，複製エラー頻度は10^9ヌクレオチドに1回程度という，きわめて高い正確度にまで達する．ミスマッチ修復の分子機構は，大腸菌を用いる研究が先導した．MutSが誤塩基対を認識し，その後，MutLとMutHと結合して高次複合体を形成する．ミスマッチ付近のメチル化されていない5′-GATC-3′配列に，MutHがニックを入れる．Damは5′-GATC-3′のアデニンをメチル化する酵素であるが，合成直後はまだメチル化されていないので，非メチル化鎖が新生鎖であると認識され，この鎖が優先的に修復される．なお，片方のDNA鎖のみがメチル化された状態をヘミメチル状態という．ニックが入ったのち，エキソヌクレアーゼによってDNAが切り出され，生じたギャップをDNAポリメラーゼとリガーゼが埋めて，正しい塩基対が形成される（図1.4）．

真核生物も同様なミスマッチ修復系を有するが，より複雑である．出芽酵母の例では，少なくとも6種のMutSホモログ（Msh1～6，Msh：MutS homolog）と，4種のMutLホモログ（Mlh1～3とPms1，Mlh：MutL homolog）が存在する（MutHに相当するタンパク質は知られていない）．Msh1はミトコンドリアDNA修復に，Msh4，Msh5複合体は減数分裂期組換えに関与しており，通常のS期に生じた複製エラーに対するミスマッチ修復には関与しない．新生鎖認識には，PCNAとRFC，および不連続DNA鎖上のニックが関与するが，ヘミメチルDNAは関与しない．ミスマッチ修復の重要性は，MutSやMutLホモログがヒト大腸がん（遺伝性非ポリポーシス大腸がん）の原因遺伝子になっていることからも明らかである．

1.3.2　塩基損傷の修復

DNA塩基の損傷はさまざまな要因によって生じ，多種多様である．それに伴い多様な修復経路が存在する．

A．直接修復

損傷を引き起こした化学反応の（見かけ上の）逆反応により正常なDNAに戻す修復系は，直接修復とよばれている．代表的なものは光回復で，紫外線によって誘起されるシクロブタン型ピリミジン二量体（cyclobutane pyrimidine dimer, CPD）（図1.5）が，光回復酵素によって正常なピリミジンに回復する修復経路である．CPDの次に主要

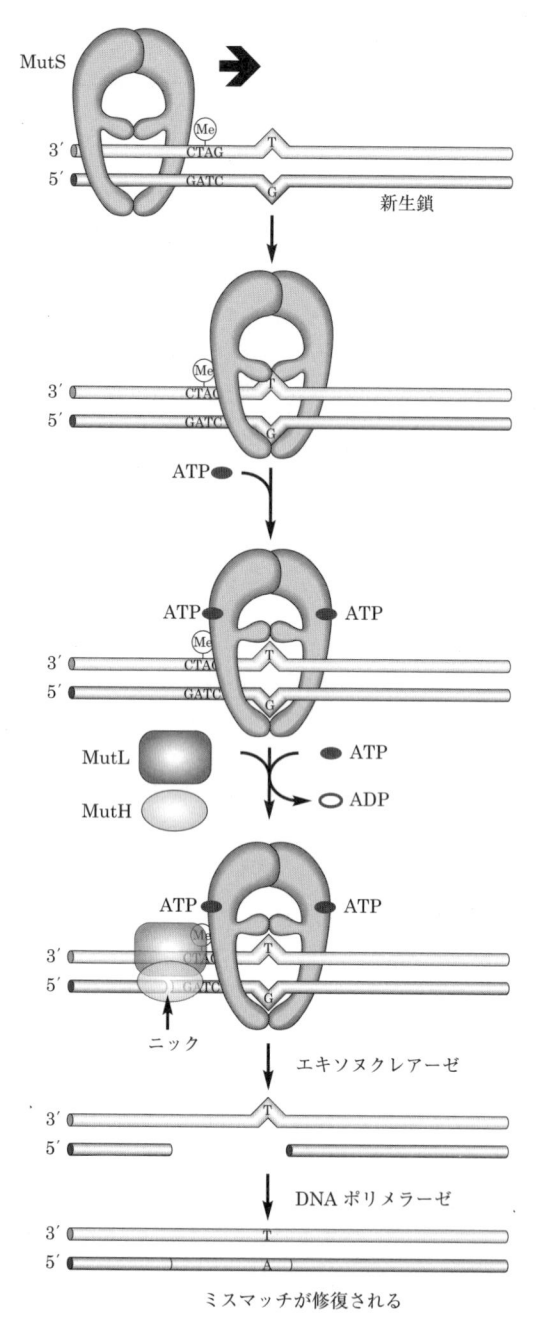

図 1.4　大腸菌ミスマッチ修復機構.

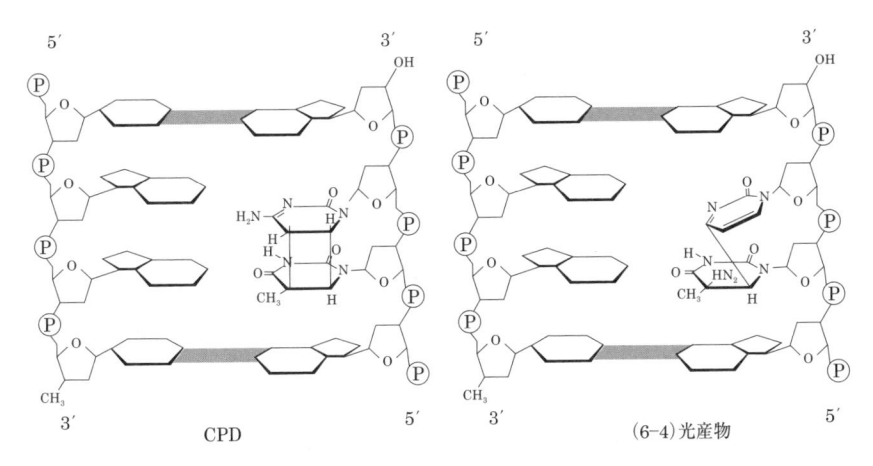

1.3 DNA 修復，組換え，突然変異，チェックポイント

図 1.5 紫外線照射による DNA 損傷の代表例．

な紫外線損傷である(6-4)光産物には，別の光回復酵素が働く．光回復酵素による修復には，可視光のエネルギーが必要とされる．なお，これらの光回復酵素は，すべての生物が保有しているわけではない．

ニトロソグアニジンなどのアルキル化剤は，DNA 塩基にアルキル基を導入する．アルキル化塩基は，複製時に非ワトソン・クリック塩基対を容易に形成し，これらの誤塩基対は複製酵素の校正機能やミスマッチ修復から免れる．このことがアルキル化剤による突然変異誘発の主因である．DNA アルキルグアニントランスフェラーゼは，グアニンに結合したアルキル基を除去する反応を触媒し，突然変異誘発を抑止している．

B. 塩基除去修復

アルキル化塩基損傷や 5-メチルシトシンの脱アミノ化によるウラシル，また酸化損傷など，比較的小さな塩基損傷は，塩基除去修復(base excision repair, BER)によって修復される(図 1.6)．BER では，まず損傷塩基が DNA-グリコシラーゼによって除去され，塩基欠落(apurinic/apyrimidinic, AP)部位ができる．次に，AP 部位特異的なエンドヌクレアーゼによって主鎖のリン酸ジエステル結合が切断され，損傷部位が取り除かれる．生じたギャップは，DNA ポリメラーゼとリガーゼによって埋められ，正しい塩基対が形成される．損傷の種類によって異なるグリコシラーゼが働く．グリコシラーゼには，AP リアーゼをもつ場合(右の経路)ともたない場合(左の経路)があり，AP エンドヌクレアーゼの関与の有無など，若干修復様式が異なる．

C. ヌクレオチド除去修復

DNA 二重らせんに構造的歪みを生じさせるような比較的大きな損傷(CPD や 6-4

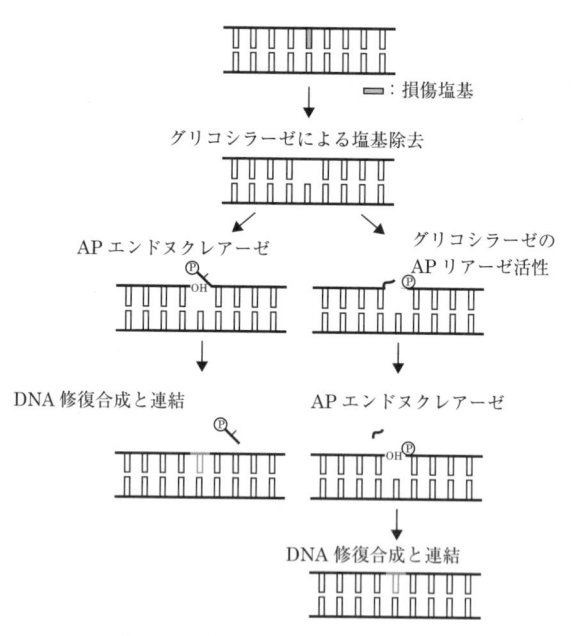

図 1.6 塩基除去修復(BER)の反応経路.

光産物など)は，ヌクレオチド除去修復(nucleotide excision repair, NER)によって修復される．NERは大きく2つに分類され，ゲノム全体で働く経路(global genome NER, GG-NER)と転写と，共役した経路(transcription-coupled NER, TC-NER)がある．後者は転写されているDNA，とくに転写の鋳型DNA鎖上の損傷を優先的に修復する機構である．ヒトのGG-NERでは，XPC-Rad23Bタンパク質複合体やDDB1-XPE複合体が，損傷によって生じたDNA二重らせんの構造的歪みを認識したのち，XPAが損傷塩基を認識する．一方，TC-NERでは，XPC-Rad23Bの代わりにCSA-CSB複合体が働き，転写時のRNAポリメラーゼの進行がDNA損傷で妨げられることで損傷が認識され，効率的に修復因子が呼び込まれる．

その後，GG-NERとTC-NERは同じ機構が働く．すなわち，転写因子TFIIHのサブユニットであるXPBとXPDのヘリカーゼ活性によって，損傷部位を含むDNAが巻き戻され，XPGが損傷部位の3′側にニックを入れる．引き続き，ERCC1と複合体を形成したXPFが5′側にニックを入れる．その結果，損傷部位を含む一本鎖DNA (25〜30ヌクレオチド)が切り出されることになる．生じた一本鎖DNAギャップは，DNAポリメラーゼδもしくはεで埋められる．この機構は真核生物で広く保存されている(表 1.3)．ヒトの関連遺伝子は，色素性乾皮症とコケイン症候群の原因遺伝子となっている．

1.3 DNA 修復，組換え，突然変異，チェックポイント

表 1.3 ヒトヌクレオチド除去修復因子と出芽酵母のホモログ

NER 因子	サブユニット	出芽酵母	機能(s)
DDB	p127 p48	? ?	損傷 DNA への結合
XPC-HR23B	XPC(p125) HR23B(p58)	Rad4 RAD23	損傷 DNA の認識と CGR 経路特異的
THIIH	XPB(p89) XPD(p80) p62 p52 p44 Cdk7(p38) p34 サイクリン H(p34) MAT1(p32) p8	RAD25/SSL2 Rad3 TFB1 TFB2 SSL1 KIN28 TFB4 CCL1 TFB3 ?	3′ to 5′ ヘリカーゼ 5′ to 3′ ヘリカーゼ Cdk-like キナーゼ サイクリン相同タンパク質 損傷部位のDNA 二本鎖の巻き戻し
CSA	CSA/ERCC8	Rad28	ユビキチンリガーゼ
CSB	CAB/ERCC6	Rad26	SNF2 ファミリーヘリカーゼ
XPA	XPA	Rad14	損傷塩基の認識
RPA	p70 p34 p11	RPA1 RPA2 RPA3	一本鎖 DNA 結合タンパク質．巻き戻された損傷 DNA 部分の安定化
XPG	XPG	Rad2	エンドヌクレアーゼ(3′ 側ニック)
XPF-ERCC1	XPF ERCC1	Rad1 Rad10	エンドヌクレアーゼ(5′ 側ニック)

　NER 機構は，もともと大腸菌を用いて詳細に研究されてきた(図 1.7)．UvrA と UvrB からなる複合体が，損傷によって生じた DNA 二重らせんの構造的歪みを認識したあと，UvrA が外れて，代わりに呼び込まれた UvrC 二量体が損傷塩基の両側にニックを入れる．その後 UvrD ヘリカーゼによって，12 ～ 13 mer のオリゴヌクレオチドが除去される．生じた一本鎖 DNA ギャップが，DNA ポリメラーゼ I で埋められる．このように，大腸菌の NER は単純だが，本質的にはヒトの機構とよく似ている．

1.3.3　DNA 二本鎖切断の修復

　DNA の二本鎖切断(DNA double-strand break, DSB)は，最も危機的な DNA 損傷とされる．この損傷を生じる要因の 1 つに，電離放射線暴露(図 1.8 左)がある．DSB は正常な細胞活動でも生じるが，2 つの切断末端が生じる場合は少ない．むしろ，複製フォークがニックなどの損傷 DNA を通過するときに生じる切断末端(単末端 DSB)が，内因性 DSB の主要損傷である(図 1.8 右)．DSB が修復されないと，染色体の断片化や転座・欠失などの大規模な染色体異常を引き起こす原因となる．これまで

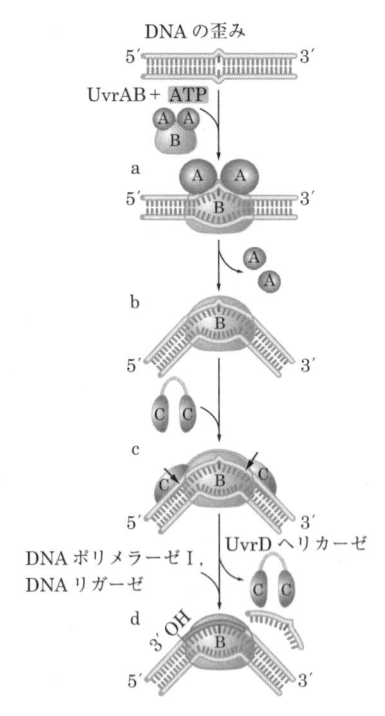

図 1.7　大腸菌除去修復機構.

DSB を修復する機構は，おもに相同組換え(homologous recombination, HR)と，非相同末端結合(non-homologous end joining, NHEJ)修復経路に大別されていたが，最近第3の修復経路として，マイクロホモロジー仲介型末端結合(micro homology-mediated end joining, MMEJ)とよばれる経路が提唱されている．

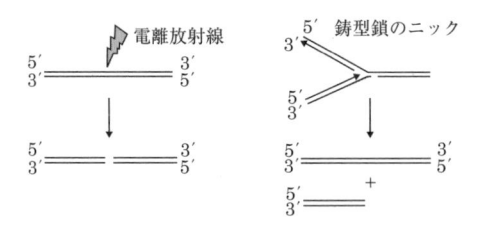

図 1.8　2種類の DNA 二重鎖切断.

A. 相同組換え機構を利用する修復(組換え修復)

組換え修復の初期過程は，DSB 末端が消化され 3′ 末端が突出した一本鎖 DNA 領域が生成される過程である(削り込み反応)．この過程は，まず 5′ 末端から数十ヌク

1.3 DNA 修復，組換え，突然変異，チェックポイント

```
        SSA                              非相同末端結合
                                         Yku70-Yku80
                       二本鎖切断          Lif1, Dnl4

                                         MMEJ
  Rad52, Rad59      5′末端消化  Mre11-Rad50-Xrs2
  Rad1-Rad10
  Msh2-Msh3                              Nej1, Sae2
                                         Pol4

              相同鎖への侵入  Rad51, Rad52, Ra55-Rad57, Rad54


      DSBR            SDSA            BIR


   ホリデイ構造


   交差型           非交差型         非交差型
                  (遺伝子変換型)      (半分の交差)
```

図 1.9 DSB 修復経路.

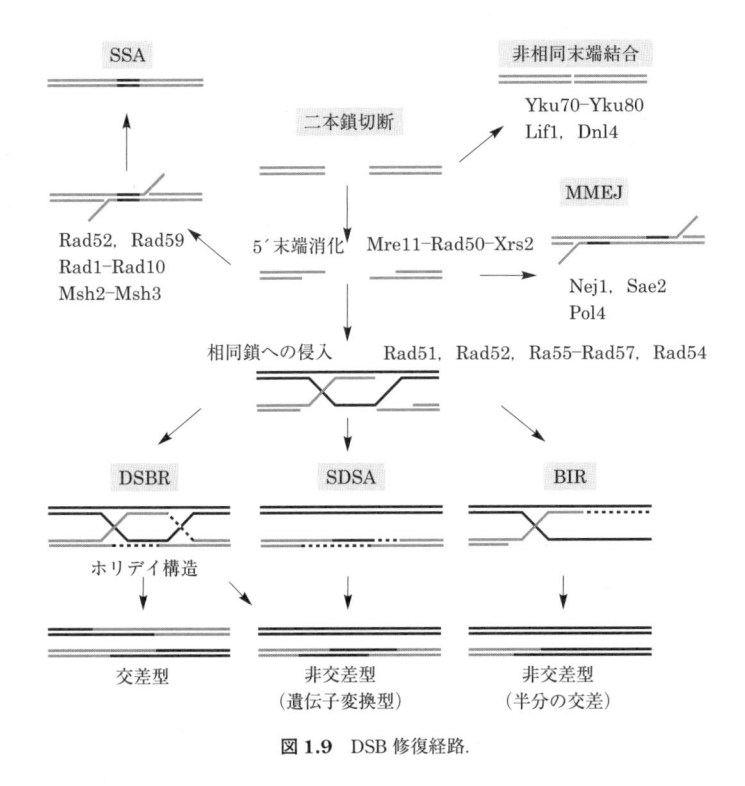

レオチド離れたところにニックが入り，その部位から 5′-3′ 方向に一本鎖 DNA が切除されることによって，3′ 末端が突出した一本鎖 DNA 領域が生成される．最もよく研究されている出芽酵母を例にとると (図 1.9)，5′-3′ 方向の DNA 切除は，Exo1 ヌクレアーゼもしくは Dna2 と Sgs1-Top3-Rmi1 複合体が構成する高次複合体が関与する．この反応が起こるには，Mre11-Rad50-Xrs2 複合体 (他生物種では Xrs2 の機能的ホモログは Nbs1 とよばれるため，以降はこの複合体を MRN(X) とする) と Sae2 が，DSB 末端に呼び込まれる必要がある．

　生成した一本鎖 DNA 領域に，大腸菌 RecA のホモログである Rad51 リコンビナーゼが数珠状に結合して，らせん状の繊維であるプレシナプティックフィラメントを形成する．プレシナプティックフィラメント形成は，メディエーターとよばれる Rad52 や Rad55-Rad57 複合体に促進される．安定なプレシナプティックフィラメントが形成されると，相同な二本鎖領域を走査し，Rad54 に介助されて二本鎖 DNA へと侵入する．プレシナプティックフィラメントの中の一本鎖 DNA は，相補的な DNA と対合して D ループが形成される．D ループ内の侵入鎖 DNA の 3′ 末端がプライマーと

17

して働き，DNA合成が進む．もう一方のDSB末端も相補的なDNAと対合して鎖を交換すると，合計2個のホリデイ構造が形成される．ホリデイ構造がDNA交差部位で切断されることで，二本鎖DNAに戻り，組換え体が形成される．その切断の方向性によって，交差型組換えと交差を伴わない遺伝子変換型組換えの2種類の組換え体が可能となる．このような修復経路を，二本鎖切断修復(DSB repair, DSBR)経路とよぶ．

一方，修復DNA合成後に新生鎖がDループからはがれ，もう一方のDSB末端とアニーリングして，ギャップが埋められる場合もある．これを，合成依存的DNA鎖アニーリング修復(synthesis-dependent strand annealing, SDSA)経路とよぶ．SDSA経路では，交差を伴わない遺伝子変換型組換え体のみが生成される．体細胞分裂時の組換え修復では，このSDSAが主要なDSB修復経路であると考えられている．SDSA経路では，Dループ形成・修復合成と進行したのち，新生鎖がはがれ，もう一方のDSB末端とアニーリングする．しかし，なんらかの理由でもう一方のDSB末端の利用ができなかった場合，修復合成がテロメアまで続くことがある．その結果，2本1組の相同染色体のうち片方の染色体だけが組換わった生成体ができる．これを切断誘導型複製(break-induced replication, BIR)とよぶ．ヘテロ接合体の消失(LOH)や，短小化したテロメアの伸長回復にかかわっていると考えられている．また，崩壊した複製フォークがBIRによって複製を再開することができるという点で，きわめて重要な反応である．

また，DSBの両側に同方向の繰り返し配列など約30ヌクレオチド以上の相同配列がある場合，SSA(single strand annealing)とよばれる経路で修復されることがある．この経路では，DSB末端の削り込み反応によって生じた一本鎖領域が繰り返し配列まで広がって，そのまま相補鎖どうしが対合する．ギャップはDNA合成によって埋められ，修復は完了するが，DSB部位から繰り返し配列までの相同領域がない配列は，失われることになる．SSAはMRN(X)-Sae2複合体，Rad52やRad59が関与するが，Rad51には依存しない．また，Msh2-Msh3やRad1-Rad10が，対合後に3′が突出した非相同な一本鎖DNAの除去に働いている．DSBR, SDSA, BIR, SSA経路は，相同性依存的修復(homology dependent repair, HDR)と総称され，出芽酵母のみならず，多くの生物で広く保存されている．

B. 非相同末端結合修復とマイクロホモロジー仲介型末端結合

非相同末端結合修復は，相同染色体や姉妹染色分体の相同鎖の遺伝情報を利用しないで，直接DSB末端どうしが再結合する修復である(図1.10)．NHEJ, MMEJおよびSSA経路は，一見単純な切断末端の結合にみえるが，関与する遺伝子や修復産物に明確な違いがみられる．

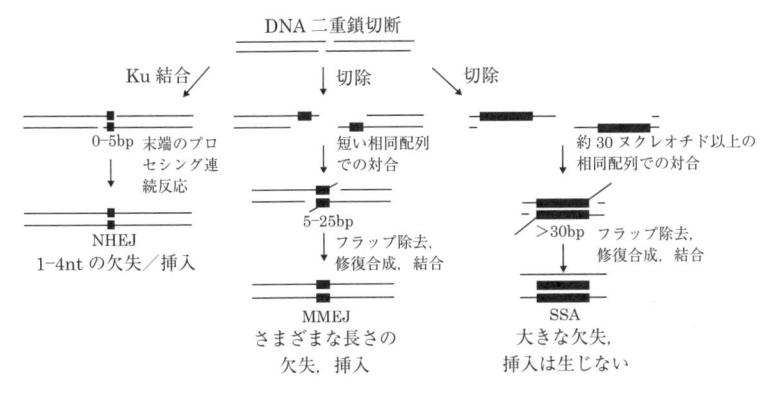

1.3 DNA修復，組換え，突然変異，チェックポイント

```
                         DNA二重鎖切断
           Ku結合↙        ↓切除           ↘切除
    ━━━━━━■━━━━    ━━━━━━■━━━━     ━━━━━━■━━━━
          0-5bp 末端のプロ    短い相同配列        約30ヌクレオチド以上の
      ↓   セシング連      ↓  での対合       ↓   相同配列での対合
          続反応
    ━━━━━━━━━━━    ━━━■━━━━━━     ━━■━━━━━━━━
           NHEJ         5-25bp             >30bp フラップ除去，
       1-4ntの欠失／挿入    ↓ フラップ除去，    ↓    修復合成，結合
                          修復合成，結合
                    ━━━━━━━━━━━    ━━━━━━━━━━━
                         MMEJ              SSA
                      さまざまな長さの       大きな欠失，
                       欠失，挿入          挿入は生じない
```

図1.10 末端結合による修復の反応模式図．

ほ乳類では，DSB部位をKu70-Ku80ヘテロタンパク質複合体が認識して結合し，DNA-PK活性サブユニット(DNA-PKcs)-Artemisヌクレアーゼ複合体など付随因子を呼び込む．そして，DSB末端を連続反応可能な末端形状へ変換したのち，DNAリガーゼⅣ-XRCC4複合体によって結合される．NHEJでは，1～4ヌクレオチド程度の挿入や欠失を伴うことがある．HDRの初期過程で働くMRN(X)も，NHEJに関与する．これは，MRN(X)がDSBの両末端に結合し，橋渡しすることによって連続反応を促進すると考えられている．多くの因子は種を超えて保存されているが，出芽酵母や分裂酵母では，DNA-PKcsやArtemisに相当するホモログは見つかっていない．

NHEJに必要なKu70-Ku80もしくはDNAリガーゼⅣに依存せずに，NHEJ様修復が起こることが，近年明らかにされた．そこで，典型的なNHEJをcanonical(またはclassical)の頭文字をとってC-NHEJとよび，Ku70-Ku80もしくはDNAリガーゼⅣに依存しないNHEJをalternativeの頭文字からA-NHEJとよんで，区別されるようになった．A-NHEJの解析から，マイクロ相同性仲介型末端結合(micro homology-mediated end joining, MMEJ)経路の存在が明らかになった．この経路は，見かけ上SSAと類似な反応過程を経る．DSB末端が削り込み反応を受け，生じた一本鎖領域が相同な繰り返し配列まで広がって，そのまま相補鎖どうしが対合する．この相同な繰り返し配列が短く，修復後に多様な欠失と，多くの場合数ヌクレオチドの挿入がある点が，SSAと異なる．さらに，出芽酵母のHDRでは，鍵となる*RAD52*遺伝子に依存していない．C-NHEJが機能しているときでも積極的に働いていること，また出芽酵母のみならずほ乳類でも重要な働きをしていることから，MMEJがDSBに対する重要な修復経路を担っていると認識されつつある．とくに，免疫グロブリン産生におけるクラススイッチ組換えや，V(D)J組換えに関与することが明らかにされ，そ

19

の重要性がますます認識されている．なお A-NHEJ には，MMEJ 以外のマイナーな修復経路が存在する．

一般に，酵母では G1 期に NHEJ が活性化し，姉妹染色分体が利用できる S 期や G2/M 期では，相同組換えに依存した修復が優勢となる．また，MMEJ は細胞周期を通じて常に活性化されている．脊椎動物では，NHEJ は，MMEJ と同様，細胞周期を通じて常に活性化され，相同組換えは S 期や G2/M 期に限定されるようである．DSB 修復の異常は，いくつかの重篤な遺伝病の原因となっている．たとえば，ナイミーンヘン症候群（MRN(X)複合体の構成因子 NBS1），家族性乳がん（Rad51 のメディエーターである BRCA2），ブルーム症候群やウェルナー症候群（それぞれ相同組換えの制御因子 BLM と WRN）があげられる．これらの疾患の多くで悪性腫瘍の発生率上昇がみられる．

1.3.4 複製後修復と突然変異

紫外線照射によって生じた CPD が修復されないまま複製フォークが到達したときには，通常の DNA ポリメラーゼは損傷部位を含む DNA を鋳型として DNA 合成することができず，フォークの進行が停止してしまう．また，鋳型鎖のニックや一本鎖 DNA ギャップ，DSB も，同様に複製フォークをいったん停止させる．しかし，停止後しばらく経つと，損傷が除去されていないにもかかわらず，複製が再開始される場合がある．このように，なんらかの形で DNA 損傷を回避して DNA 複製が進行し，あとからその損傷が修復される現象を，複製後修復（post-replication repair）とよぶ．この現象は，複製フォークの停止や崩壊からの複製再開始機構と密接な関係がある．複製後修復は，厳密には直接的に DNA 損傷を修復するわけではないので，損傷トレランス経路とよばれることもある．損傷トレランスは，少なくとも3つの機構（損傷乗り越え複製，テンプレートスイッチ，相同組換え）が知られている（図 1.11）．経路の選択は，複製クランプである PCNA の翻訳後修飾によって制御されている．

A. 損傷乗り越え複製と誤りがち修復

CPD などの損傷によって複製フォークが停止したのちに，通常の DNA 複製型酵素を代替し損傷部分を乗り越える DNA ポリメラーゼが働く機構を，損傷乗り越え複製（translesion synthesis, TLS）という．損傷乗り越え後は，再び通常の複製型酵素が複製を継続する．TLS DNA ポリメラーゼは，通常の複製酵素とは異なり忠実度がきわめて低く，この特性によって，損傷に相対する部位にもヌクレオチドを取り込んで DNA 鎖を伸長させることができる．その反面，誤った塩基対が形成される可能性が高くなる．このような突然変異を許容しながら生存率を確保する経路を，誤りがち（error-prone）修復とよぶ．

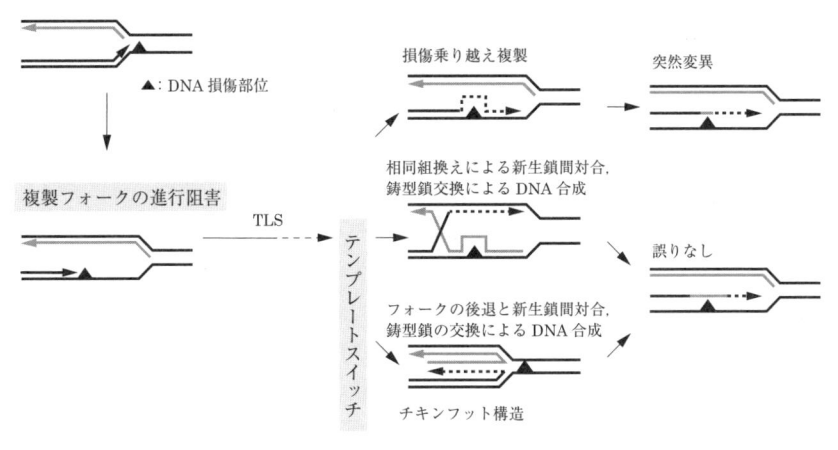

図1.11 複製後修復の3つの経路.

B. 誤りのない複製後修復

　テンプレートスイッチや組換え依存的な損傷トレランスは，突然変異の誘発には直接的にはかかわらず，誤りのない(error-free)複製後修復に分類される．テンプレートスイッチでは，損傷で停止した複製フォークをいったん逆行させ，ホリデイ構造様DNA(チキンフット型DNAともよばれる)が形成される．この構造上で，損傷のない鋳型鎖において複製された新生鎖を鋳型としてDNA合成し，その後ホリデイ構造を解消することによって，損傷部の乗り越えとフォークの再構築を同時に達成し，複製を再開させる．相同組換えは，複製反応の阻害により生じた新生鎖ギャップにRecA/Rad51リコンビナーゼが結合して，一方の無傷の二本鎖をもつ姉妹染色分体との間でDNA鎖交換反応を行い，複製フォークが再構築される．DNA鎖交換によって鋳型鎖を交換するという意味では，テンプレートスイッチの一種といえよう．また，ニックにフォークが到達し単末端DSBが生成した場合には，BIRによって複製が再開始されると考えられている．

1.3.5　プログラムされたDNA切断と生理機能

　DNAの切断やDNA塩基のアルキル化・脱アミノ化は，偶発的に生じるものだけではない．細胞が自ら塩基修飾やDSBを導入し，その修復によって重要な生理機能を獲得する場合があることが知られている．代表的な例としては減数分裂組換えである．減数分裂初期に，トポイソメラーゼ様タンパク質Spo11によりすべての染色体にDSBが引き起こされ，相同染色体を鋳型にした相同組換えによって修復される．すなわち，あらかじめ仕組まれたDSB導入により，遺伝情報の再構成が起こり，種

の多様性を生む原動力となる．さらに，相同組換えによる相同染色体の対合は，減数第一分裂における相同染色体の分離に必要な接着力を生み出す．したがって，相同組換えは減数分裂における正確な染色体分配にも寄与している．

　体細胞分裂でも，出芽酵母の接合型変換の開始には，接合型を決定する*MAT*遺伝子座でHOエンドヌクレアーゼがDSBを導入する．また，リンパ球の抗体遺伝子の可変領域におけるV(D)J組換えにおいては，RAG1-RAG2酵素複合体がDSBを導入する．これらのDSBが適切に修復されることで，正常な接合型変換や抗体遺伝子の多様性が生まれる．プログラムされた塩基修飾の例としては，免疫グロブリン産生におけるクラススイッチ組換えの初期反応の，AIDによるシトシンの脱アミノ化が，代表例としてあげられる．いずれの場合も，染色体の大きな改変や突然変異の可能性をはらむ危険な反応のため，これらDSBやDNA塩基修飾は厳密に制御されている．

1.4　細胞周期のチェックポイントによる制御とゲノム不安定病

　細胞周期の進行中にDNAの複製異常や損傷が起こった場合に，それを感知して細胞周期を停止させる「チェックポイント」という仕組みが存在する．その概念は，X線照射後に細胞周期のG2期での停止ができず細胞が分裂し，損傷したDNAを受けとった娘細胞が致死となる出芽酵母変異株の解析が出発点となって，「DNA損傷を監視し，DNA損傷が起こると，細胞周期を停止させる」という，DNA損傷チェックポイントの存在が明らかになった．その後の多くの研究により，X線照射によるDNA損傷のみでなく，細胞周期のさまざまな時点でチェックポイント制御が働いていることが，主として酵母をモデルとして見いだされてきた．たとえば，DNA複製がなんらかの理由で停止したときに，その異常を検出してG2/M期で停止させるS期内チェックポイント，M期の中期で染色体が中央に配列し終わるまで染色体分離を停止させておくスピンドルチェックポイントなどである．

1.4.1　DNA損傷チェックポイント

　一般的にチェックポイント制御システムにおける制御因子は，異常を検出するセンサー，異常を伝達するトランスデューサー，信号を標的に伝えるエフェクターの3種類に分類される．信号の伝達には，主として各タンパク質におけるセリン/トレオニンのリン酸化が用いられる．ホスホイノシチド-3-キナーゼ関連キナーゼ(PIKK)ファミリーATM，ATR，DNA-PKcsが，DNA損傷チェックポイントの中心的な役割を果たす．ATMとDNA-PKcsは，おもに二本鎖DNA切断の形成に依存して，それぞれMRN(X)複合体とKu70-Ku80複合体により呼び込まれ活性化される(その後

ATM → CHK2). 一方, ATRはDNA複製フォークの停止など一本鎖DNAを生じるDNA損傷に応答する. ATRは結合パートナーATRIPを介して, DNA損傷により生じたRPAと一本鎖DNAの複合体に結合する. ATR-ATRIP複合体の完全な活性化にはRad17複合体(クランプローダー), Rad9-Rad1-Hus1複合体(9-1-1複合体, チェックポイントクランプ), さらにはATRの活性化タンパク質であるTopBP1を必要とする.

　活性化されたATM, ATR-ATRIPキナーゼは, 標的であるCHK2, CHK1をそれぞれリン酸化し, 活性化する. CHK1が, 標的であるCdc25脱リン酸化酵素をリン酸化すると, 14-3-3がリン酸化部位特異的に結合して, Cdc25を不活性化する. その結果, サイクリンBの脱リン酸化が起こらなくなり, 細胞はM期へ侵入できないままG2期で細胞周期を停止する. これ以外にも, ヒトにおいてはATM/ATRがp53タンパク質をリン酸化し, それにより活性化されたp53は転写を介してp21タンパク質量を増加させ, いくつかのサイクリン-CDKの働きを抑制し, 細胞周期の進行を防ぐ. たとえば, サイクリンE-CDK2が阻害されるとG1期で停止し, サイクリンA-CDK1が阻害されるとG2期で停止する. DNA損傷チェックポイントの異常は, がん化に強い影響を与える. なおヒトの*ATM*は, 腫瘍発生リスクの上昇などを示す毛細血管拡張性運動失調症の原因遺伝子である.

1.4.2 スピンドル集合チェックポイント

　分裂中期において, 姉妹動原体は両極から形成されたスピンドルと結合する. しかしながら, モノテリック結合(姉妹動原体の片方が未結合)や, 1.1.1で述べたシンテリック結合, メロテリック結合の状態では, 分裂後期の開始が起こらないような制御を受ける. この機構はスピンドル集合チェックポイントとよばれ, 一方の染色体のたった1つの動原体がスピンドル微小管とうまく結合できなくても, 分裂後期への移行を妨げる. この過程にはMad2というタンパク質が関与している. Mad2は, 微小管に結合しなかった動原体に結合して活性化型Mad2となり, Cdc20というタンパク質と相互作用することで, その活性を阻害する. Cdc20は, 分裂後期の開始に必要であるAPC/Cの活性化因子であるため, すべての動原体が微小管に結合することにより活性化型Mad2の生成が止まり, 分裂後期が始まるように制御されている. このように, スピンドル集合チェックポイントは, ゲノムが正確に2つの娘細胞に分配されるよう保障している.

2 原核生物における遺伝子発現とタンパク質生産の効率化

　原核生物を用いて外来遺伝子を発現させ大量の外来タンパク質を得るためには，遺伝子の転写(transcription)と翻訳(translation)の両方を最適化する必要がある．また，生産された外来タンパク質の安定性や，その後の精製プロセスも考慮する必要がある．外来タンパク質は必ずしも活性タンパク質の形で得られるとは限らない．このような場合，不活性型タンパク質を活性型へと変換する方法論や，最初から活性タンパク質の形で生産可能な外来遺伝子発現系の構築が重要となる．ここでは，大腸菌を用いる遺伝子発現とタンパク質生産に焦点を絞り，最終産物としての外来タンパク質の収率を向上させることを目標に据えた，各種アプローチについて解説する．

2.1　外来遺伝子の転写

　プロモーター(promoter)とは，DNAからmRNAへの転写の開始時に，RNAポリメラーゼ(RNA polymerase)が結合するDNA領域をさす．転写されたmRNA量や産生されたタンパク質量を調べてみると，天然に存在するプロモーターには，種々の強さのものがあることがわかる．また，数多くの大腸菌プロモーターの塩基配列比較により，それらに共通する典型的な配列(consensus sequence，コンセンサス配列)の存在が確認されている(図2.1)．よく保存されている領域は2ヵ所あり，転写開始点からの距離に応じて，それぞれ-35領域および-10領域とよばれる．プロモーターの転写活性の強弱は，それに含まれる-35領域や-10領域の塩基配列の，それぞれのコンセンサス配列(-35領域：5′-TTGACA-3′，-10領域：5′-TATAAT-3′)との相同性の高低に相関するといわれている．

2.1.1　強力かつ発現調節可能なプロモーターの利用

　外来タンパク質をコードする遺伝子を強力なプロモーターの下流におくことで，そ

2 原核生物における遺伝子発現とタンパク質生産の効率化

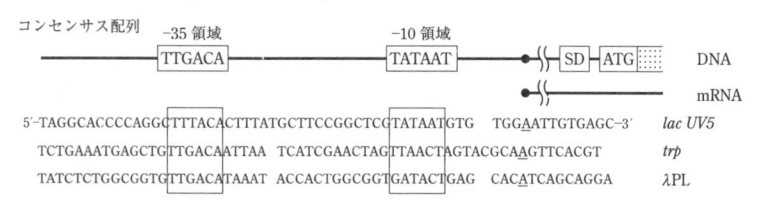

```
コンセンサス配列   -35領域            -10領域
―――――――[TTGACA]――――[TATAAT]――•―[SD]―[ATG]▨  DNA
                                 ――•――――――――  mRNA

5'-TAGGCACCCCAGGCTTTACACTTTATGCTTCCGGCTCGTATAATGTG  TGGAATTGTGAGC-3'   lac UV5
   TCTGAAATGAGCTGTTGACAATTAA TCATCGAACTAGTTAACTAGTACGCAAGTTCACGT       trp
   TATCTCTGGCGGTGTTGACATAAAT ACCACTGGCGGTGATACTGAG  CACATCAGCAGGA      λPL
```

図 2.1 大腸菌プロモーターの構造．保存されている領域を四角で囲んだ．アンダーラインは転写開始点を示す．SD：SD 配列，ATG：翻訳開始コドン．

の発現を顕著に増強することができる．外来タンパク質生産を目的とした場合においては，強力かつ発現調節可能なプロモーターの利用が望ましい．このような目的で用いられる大腸菌プロモーターの例を，表 2.1 に示す．発現調節可能なプロモーターを用いれば，培養中の任意のときに外来遺伝子の発現を誘導することができる．そのため，宿主(host)細胞に有害なタンパク質を産生させようとする場合においても，生育を阻害することなく培養することができる．また，構成的に高レベルの転写が行われている場合には，プラスミドの複製が阻害されるため，発現ベクターが脱落しやすくなる傾向にある．したがって，発現調節可能なプロモーターの利用は，発現ベクターの安定化にも寄与する．

表 2.1 強力かつ発現調節可能な大腸菌プロモーターの例

プロモーター	由来	発現調節 抑制	発現調節 誘導
lac	大腸菌 lac オペロン	—	培地に IPTG を添加
trp	大腸菌 trp オペロン	—	培地に 3-インドールアクリル酸を添加
λpL, λpR	λファージの左向き，右向き初期プロモーター	$cI_{857}ts$ 宿主を用いて 30℃以下で培養	$cI_{857}ts$ 宿主を用いて 30℃以上で培養

発現調節の様式は遺伝子によりさまざまであるが，転写レベルでの発現調節には，レプレッサー(repressor)とよばれる転写制御タンパク質が介在する．転写調節が厳密に行われているようなプロモーターの下流にはオペレーター(operator)領域が存在しており，この DNA 領域にレプレッサータンパク質が結合して，プロモーターからの転写が抑制される．一方，特異的な誘導剤を加えるなどしてレプレッサータンパク質が不活化されると，プロモーターからの転写が誘導される．典型的なオペレーター領域は 20 塩基対(bp)程度の長さであり，逆方向反復配列(inverted repeat sequence)を含むことを特徴とする(表 2.2)．

大腸菌用発現ベクター(vector)に広く用いられているのが，大腸菌ラクトース(lac)オペロン(ラクトース代謝に関与する一連の酵素をコードする遺伝子群)の lac プロ

表 2.2　レプレッサータンパク質が結合するオペレーター領域の塩基配列

レプレッサー タンパク質	調節を受ける 遺伝子	塩基配列
LacI	lac オペロン	5′-AATTGTGAGCGGATAACAATT-3′
TrpR	trp オペロン	5′-ATCGAACTAGTTAACTAGTACGCA-3′
λcI, Cro	trpR	5′-ATCGTACTCTTTAGCGAGTACAAC-3′
	λpL, λpR	5′-TATCACCGCGGTGATA-3′

モーター，大腸菌トリプトファン(trp)オペロン(トリプトファンの生合成に関与する一連の酵素をコードする遺伝子群)の trp プロモーター，そして λ ファージ由来の pL プロモーターであり，これらはすべて発現調節可能なプロモーターである．lac プロモーターは LacI レプレッサーによる調節を受けており，培地にイソプロピル-β-D-チオガラクトシド(IPTG)という誘導剤を添加すると，発現が誘導される．これは，LacI レプレッサーが IPTG と結合することにより，lac オペレーターへの結合能を失うためである．また，trp プロモーターは TrpR レプレッサーで調節されており，3-インドールアクリル酸の添加で発現が誘導される．この場合，TrpR レプレッサー単独では trp オペレーターに結合できず，トリプトファン欠乏条件では trp プロモーターからの転写が起こる．そして，培地中にトリプトファンが蓄積すると，トリプトファンと結合した TrpR レプレッサーが trp オペレーターと結合して，発現を抑制するようになる．一方，トリプトファンの構造類似体である 3-インドールアクリル酸と結合した TrpR レプレッサーは，trp オペレーターと結合できず，3-インドールアクリル酸の添加により，発現の誘導が起こることになる．lac プロモーターや trp プロモーターなど，代謝系オペロンのプロモーターの転写制御は厳密ではなく，非誘導条件においても，ある程度の転写が起きてしまう．λpL プロモーターは λcI レプレッサーによる調節を受けるため，温度感受性の λcI レプレッサー遺伝子(たとえば $cI_{857}ts$)を保持する大腸菌が宿主として用いられる．許容温度以下では，λpL プロモーターからの発現は λcI レプレッサーにより完全に抑制されるが，培養温度を許容温度以上に上げた場合には，レプレッサーによる抑制が解除され，効率的な転写が起こる．λcI レプレッサーによる転写制御はたいへん厳密である反面，発現誘導の際に培養槽内の温度を速やかに上昇(30℃程度の許容温度から，37℃以上の非許容温度へと上昇)させる必要があり，大量培養を考えると現実的ではない．

　trp プロモーターの-35 領域と lac プロモーターの-10 領域とを組み合わせた人工プロモーターが構築され，大腸菌における有用タンパク質生産に広く用いられている．trp と lac の名称を組み合わせて，tac(trc とよばれるものもある)と名づけられたこのプロモーターは，コンセンサス配列に完全に合致する-35 領域と-10 領域とをあわせ

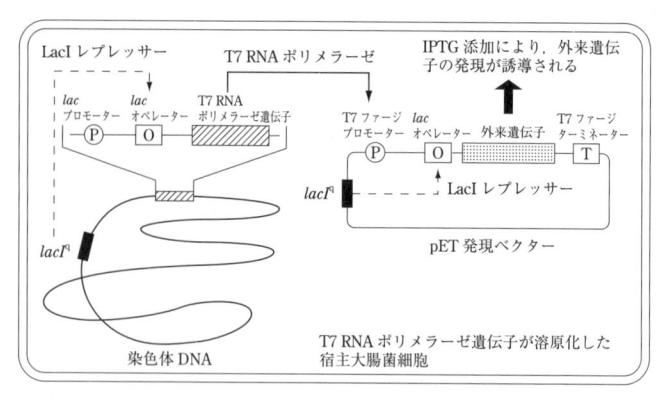

図 2.2 大腸菌 T7 ファージプロモーターを利用した外来遺伝子の高効率発現システム.
[左右田健次, 中村　聡, 高木博史, 林　秀行, タンパク質　科学と工学, p.116, 講談社(1999)]

もつような，理想的ともいえるプロモーターである．tac(trc)プロモーターは，trpプロモーターや lac プロモーターの数倍もの強さを有しているという．tac(trc)プロモーターの下流には lac オペレーター配列が存在しており，LacI レプレッサーによる発現抑制と IPTG 添加による発現誘導を可能にしている．さらに最近では，T7 ファージプロモーターを利用する高効率発現ベクターが開発されている(図 2.2)．T7 ファージプロモーターからの転写には T7 RNA ポリメラーゼが必要であるため，λファージを用いて T7 RNA ポリメラーゼ遺伝子を染色体上に組み込んだ(溶原化という)特殊な大腸菌が，宿主に用いられる．厳密な発現調節を目的として，宿主染色体上の T7 RNA ポリメラーゼ遺伝子は lac プロモーターの制御下におき，ベクタープラスミド上の T7 ファージプロモーターの下流には lac オペレーターを配している．さらに，同一ベクター上に LacI レプレッサーをコードする遺伝子(lacI)を連結しており，LacI レプレッサーを過剰生産させることで，T7 RNA ポリメラーゼ遺伝子の発現を抑制し，T7 ファージプロモーターの下流に連結した外来遺伝子の発現を完全に抑制するよう設計されている．そして，IPTG 添加により発現を誘導することにより，まず T7 RNA ポリメラーゼ遺伝子の発現が起こり，引き続いて外来遺伝子の発現が誘導される．この発現調節はきわめて厳密であり，宿主大腸菌に有害なタンパク質を生産する際にも応用可能である．

2.1.2　転写終結の効率化

転写の開始のみならず，転写の終結も，遺伝子発現の効率化にとって重要な因子となる．外来遺伝子の下流で転写を正しく終結させることにより，長くむだに延びた mRNA の生成(いわゆる read-through，リードスルー)を抑制でき，外来遺伝子に隣

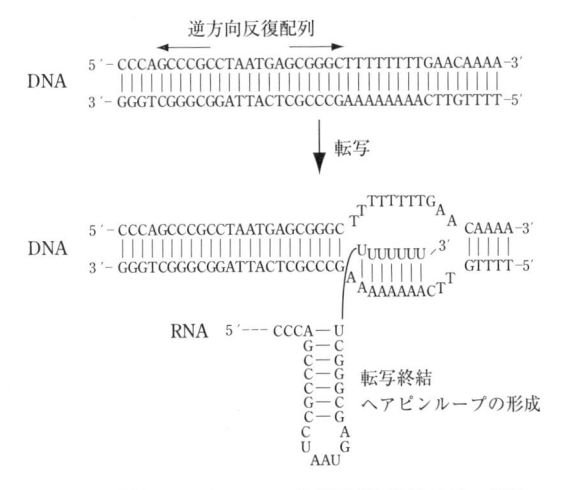

図2.3 ρ因子非依存性ターミネーターの塩基配列と転写RNAの構造.
［掘越弘毅，金澤　浩，工学のための遺伝子工学，p.160，講談社(1992)］

接して存在する他の遺伝子への悪影響を断つことができる．実際のタンパク質へ翻訳される構造遺伝子部分の下流には，ターミネーター(terminator)とよばれるDNA領域が存在しており，DNAの特定の部位で転写を終結させる働きをする．ターミネーターの中には，転写終結にρ因子というタンパク質を必要とするものがあるが，その転写終結機構の詳細は明らかにされていない．一方，ρ因子非依存性ターミネーターの塩基配列中には，G・Cに富む逆方向反復配列と，それに続くTの連続がみられる(図2.3)．この逆方向反復配列の部分では，転写直後のmRNAが分子内でヘアピンループを形成するため，mRNA-DNAハイブリッドの一部が破壊される．mRNA下流のポリU部分と，DNA中のポリA部分(連続するTの相補鎖)との不安定な対合が解離することによって，転写が終結する．ターミネーター配列は外来遺伝子のすぐ下流に挿入するのが望ましい．外来遺伝子挿入部位の5′側に強力かつ発現調節可能なプロモーターを，そして3′側に強力なターミネーターが位置するように設計された，高効率発現ベクターが開発されている．

2.2　外来遺伝子の翻訳

　外来遺伝子の効率よい転写により多量のmRNAが生成したとしても，必ずしもそれに見合う量の外来タンパク質が得られるとは限らない．一般に，大腸菌などの原核細胞のリボソーム(ribosome)は，真核細胞のmRNAに含まれる翻訳開始のためのシグナル(リボソーム結合配列)を認識しない．したがって，外来遺伝子が真核細胞に由

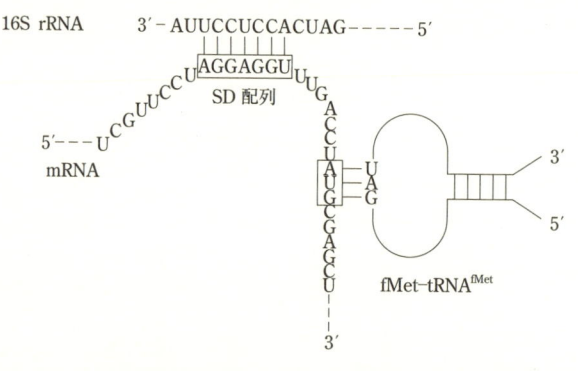

図 2.4 大腸菌における翻訳開始部位の構造．mRNA は大腸菌 R17 ファージ A タンパク質のもの．
fMet-tRNA^{fMET}：N-ホルミルメチオニン-tRNA^{fMET}．
［掘越弘毅，金澤 浩，工学のための遺伝子工学，p. 162，講談社（1992）］

来する場合には，その構造遺伝子の上流に，用いる宿主に適したリボソーム結合配列を連結する必要がある．大腸菌遺伝子のリボソーム結合配列は，Shine-Dalgarno（シャイン・ダルガーノ，SD）配列とよばれる．SD 配列は翻訳開始コドンの上流 3～11 塩基のところに位置しており，大腸菌 30S リボソームサブユニットに含まれる，16S rRNA の 3′ 末端に存在する 5′-ACCUCC-3′ という配列に相補的である．mRNA 上の SD 配列と 16S rRNA の相補配列との塩基対形成が，リボソームが mRNA へ結合する際の原動力となる（図 2.4）．そして，50S リボソームサブユニットおよび N-ホルミルメチオニル-tRNA（開始 tRNA）をはじめとするアミノアシル tRNA が，このリボソーム-mRNA 複合体に加わることにより，翻訳が進行していく．

SD 配列はすべての mRNA において共通であるわけではなく，16S rRNA との相補配列の長さもまちまちである．一般に，SD 配列と開始コドン（AUG，またはまれに GUG）間の距離は 7～9 塩基が適当といわれている．しかしながら，SD-AUG 間の最適距離は遺伝子により異なることが予想される．これは，それぞれの mRNA のとる 5′ 末端近傍の二次構造が，リボソームとの相互作用に影響を及ぼすためである．したがって，新たに外来遺伝子発現を行う場合，そのつど，その遺伝子に最適な距離を決定する必要があろう．

ミトコンドリアやマイコプラズマなどの例外を除き，基本的にコドン（codon）-アミノ酸の対応は，すべての生物において共通である．メチオニンおよびトリプトファンのコドンは 1 種類しかないが，他のすべてのアミノ酸は 2 つ以上のコドンをもっている．多くの原核生物および真核生物の遺伝子配列を調べてみると，各生物が好んで用いるコドンには偏りがあることがわかる．たとえば，大腸菌 K12 株では，プロリンのコドンとして CCG が 50％以上の高頻度で用いられるが，ヒトでは，CCU，CCC

およびCCAの3つがが万遍なく使用され，CCGの使用頻度は最も低い．真核生物由来の遺伝子を大腸菌で発現させる際に，生物種によるコドン使用頻度の違いが翻訳効率に影響することがある．とりわけ開始コドン近傍に大腸菌でまれなコドン（レアコドン）が存在する場合，その影響は顕著となる．遺伝子の一部または全域を化学合成することにより，アミノ酸配列を変えることなしに，天然のDNA配列を大腸菌に適したコドンに変換することで，この問題は解決できる．また，細胞内に存在するtRNAの量を比較した場合，レアコドンに対応するtRNAの量は使用頻度の高いコドンのtRNAよりも少ない．したがって，レアコドンに対応するtRNA遺伝子を共発現（co-expression）させることによっても，外来遺伝子の翻訳効率の向上が期待できる．あらかじめ大腸菌のレアコドン（アルギニン（AGA, AGG），イソロイシン（CUA），ロイシン（CUA），プロリン（CCC）など）に対応するtRNA遺伝子を組み込んだ大腸菌宿主も，開発されている．

2.3 外来遺伝子のコピー数

一般に，宿主細胞内における外来遺伝子の数（copy number, コピー数）が増加すれば，外来タンパク質の産生量も向上することが予想される（gene dossage effect, 遺伝子増幅効果）．たとえ染色体上に1コピーしか存在しない遺伝子でも，プラスミドベクターにクローニングすることにより，宿主内でのコピー数を増加させることができる．pBR322に代表される大腸菌用低コピーベクターは，Col E1プラスミドを基盤として構築されている．Col E1プラスミドの複製は厳密に調節されており，コピー数は細胞あたり10程度といわれる．ところが，Col E1プラスミドの複製起点近傍に存在する複製制御領域に突然変異を導入することにより，細胞あたり500以上のコピー数を維持できるようになる．大腸菌用多コピーベクターpUC18/19の複製制御領域には，この突然変異が導入されている．

2.4 外来タンパク質の安定性

細菌のような原核生物が天然に産生するタンパク質の大部分は安定であり，通常は細胞内でゆっくりと代謝される．しかしながら，外来遺伝子の導入により生産される外来タンパク質の中には，宿主細胞のもつプロテアーゼによって速やかに分解されるものがある．細菌の細胞質（cytoplasm）には多くのプロテアーゼが存在しており，このような菌体内プロテアーゼの存在は，外来タンパク質の収率を著しく減少させる要因となる．

2.4.1 外来タンパク質の分泌

　外来タンパク質を分泌させて細胞質から速やかに除去することによって，菌体内プロテアーゼによる分解を避けることができる．宿主細胞に対して毒性を示すような外来タンパク質も，分泌によりその毒性が減少し，安定して生産することが可能になる．また一般に，細胞質タンパク質に比べて分泌タンパク質の種類はそれほど多くはないため，外来タンパク質の精製工程の簡略化という点においても有利となる．細菌はグラム染色による染色性の違いから，グラム陽性細菌とグラム陰性細菌とに分類される．グラム陽性細菌とグラム陰性細菌とでは，細胞表層の構造が異なる．グラム陽性細菌においては，細胞質膜を通過したタンパク質は細胞外へ分泌される．一方，大腸菌のようなグラム陰性細菌には，細胞質膜（内膜）の外側にさらに外膜が存在するため，内膜を通過したタンパク質は，内膜と外膜の間のペリプラズム（periplasm）とよばれる空間に蓄積することになり，細胞外にまで分泌されるものはまれである．

　一般的なタンパク質分泌経路としては，原核生物から真核生物まで広く保存されているSec分泌系がよく知られている（図2.5）．細胞質膜あるいは内膜を通過して分泌されるタンパク質は，通常20～40アミノ酸のSec型シグナルペプチド（signal peptide，リーダーペプチドともいう）とよばれる配列が，N末端側に結合した前駆体タンパク質として合成される．菌体内で翻訳された前駆体タンパク質は，折りたたまれることなくSec分泌系を介して輸送され，分泌後に折りたたまれる．前駆体タンパク質に含まれるSec型シグナルペプチドは，分泌過程でシグナルペプチダーゼという酵素によって切断され，成熟タンパク質となる．したがって，外来タンパク質のN末端側にSec型シグナルペプチドが付与されるように設計された分泌発現ベクターを用いることにより，外来タンパク質の分泌生産が可能となる．しかしながら，目的と

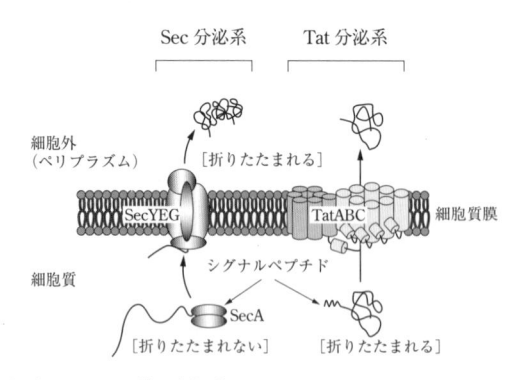

図 2.5 原核生物におけるタンパク質の分泌系．
　　　［菊池廣実，日本農芸化学会中部支部第157回例会若手シンポジウム要旨集，p. 6 (2009) を改変］

する外来タンパク質の性質によっては，分泌が起こらないことがある．たとえば，大腸菌 β-ガラクトシダーゼのような本来分泌されない細胞質タンパク質の場合，たとえ Sec 型シグナルペプチドを連結しても分泌されない．

近年，Sec 分泌経路とは全く異なる新しい分泌経路が，原核生物に広く存在することが明らかにされた．Tat 分泌系とよばれるこの経路においては，Tat 型シグナルペプチドが結合した前駆体タンパク質は，折りたたまれた状態で Tat 分泌系を介して膜輸送される．Tat 型シグナルペプチドは，N 末端付近に 2 アミノ酸連続でアルギニン残基を含むことが特徴である．これまで分泌させることができなかった外来タンパク質も，Tat 分泌系を利用することで分泌生産させることが可能になりつつある．

2.4.2　プロテアーゼ欠損変異株の利用

現時点で，分泌の手法がすべての外来タンパク質に適用できるわけではない．一方多くの細菌において，プロテアーゼの産生能を欠く変異株が取得されている．なかでも，Lon プロテアーゼを欠損した大腸菌(*lon*⁻変異株)は，外来遺伝子発現のための宿主としてしばしば用いられる．Lon プロテアーゼは ATP 依存性のセリンプロテアーゼであり，外来タンパク質の分解に働く．したがって，*lon*⁻変異を有する大腸菌を宿主に用いることにより，細胞質内に生産した外来タンパク質の収率向上が期待できる．

2.4.3　融合遺伝子の利用

原核細胞における外来遺伝子発現に際し，外来タンパク質の宿主プロテアーゼによる分解を回避するためには，分泌やプロテアーゼ欠損変異株の利用が有効であることを前項で述べた．とくに，ペプチドや分子量 1 万以下の低分子量タンパク質は，宿主内プロテアーゼの分解を受けやすい．外来タンパク質を，他の安定なタンパク質との融合タンパク質(fusion protein)の形で産生させることにより，プロテアーゼに対する抵抗性が向上する場合がある．最終産物が融合タンパク質でもかまわない場合や，融合タンパク質から目的産物のみを選択的に切り出す手法が確立されている場合には，この方法が有効な手段となる．

目的産物の切り出しは，臭化シアンのように，メチオニン残基の C 末端側でペプチド結合を切断するような化学的方法により行うことができる．また，特異的なアミノ酸配列部分でペプチド結合を加水分解するようなプロテアーゼを用いても，融合タンパク質からの目的産物の切り出しが可能である．たとえば，血液凝固因子 Xa は Ile-Glu-Gly-Arg-Xaa(Xaa は任意のアミノ酸)を認識し，アルギニンの C 末端側でポリペプチドを切断する．これらの方法が応用できるのは，目的とするタンパク質のアミノ酸配列中に，臭化シアンや血液凝固因子 Xa などに対して感受性のアミノ酸配列が

存在しない場合に限定される．また，融合遺伝子の設計の段階で，あらかじめ認識アミノ酸配列を組み込んでおく必要があることはいうまでもない．このような目的で使用される酵素としては，血液凝固因子 Xa 以外に，エンテロキナーゼ(Asp-Asp-Asp-Asp-Lys-Xaa を認識し，リシンの C 末端側で切断)，トロンビン(Gyl-Val-Arg-Gly-Pro-Arg-Xaa を認識し，2つめのアルギニンの C 末端側で切断)，TEV プロテアーゼ(Gln-Asn-Leu-Tyr-Phe-Gln-(Gly/Ser)を認識し，Gln と (Gly/Ser) の間で切断)などが知られている．

2.5 外来タンパク質の分離・精製

融合遺伝子を利用する利点は，宿主プロテアーゼによる分解の回避にとどまらない．たとえば，目的タンパク質を検出方法が確立しているタンパク質・ペプチドと融合させることにより，容易に産生を確認できる．また，すでに精製方法が確立されているタンパク質・ペプチドとの融合により，効率的な産物の回収が可能となる．このように，目的産物の検出や精製を容易に行えるようにする目的で付加されるペプチド配列は，タグ(tag)とよばれる．外来タンパク質との融合に用いられるタンパク質・ペプチドの例を，まとめて表2.3に示す．

表2.3 外来タンパク質との融合に用いられるタンパク質・ペプチドの例

タンパク質・ペプチド	担体	結合条件	溶出条件
プロテイン A	IgG-セファロース	0.15 M NaCl，pH 7.6	0.5 M 酢酸
マルトース結合タンパク質	架橋アミロース	1%トリトン，pH 7.2	10 mM マルトース
グルタチオン S-トランスフェラーゼ	グルタチオン-アガロース	0.15 M NaCl，pH 7.3	還元型グルタチオン
ヒスチジン-タグ	Ni^{2+}-セファロース	20 mM イミダゾール，pH 7.4	500 mM イミダゾール

グルタチオン S-トランスフェラーゼ(GST)は，還元型グルタチオン(γ-Glu-Cys-Gly)の硫黄原子への官能基の転移反応を触媒する酵素である．GST 遺伝子を利用する融合発現ベクターが開発されている．この場合，GST に対する抗体を用いる融合タンパク質の免疫学的検出が可能であり，また，GST 活性を指標とすることにより発現量を見積もることができる．さらに，融合タンパク質をグルタチオン固定化カラムに結合したのち，還元型グルタチオンを含む溶液で溶出することにより，融合タンパク質を1段階で精製できる．それ以外にも，目的タンパク質の N 末端あるいは C 末端側に 6～10 アミノ酸のヒスチジン残基(ヒスチジン-タグとよばれる)を連結して

生産し，それを利用して精製しようとする方法がある．ヒスチジン-タグは2価金属イオンとの結合能を有しており，ヒスチジン-タグを連結した目的タンパク質は，キレートクロマトグラフィーにより容易に精製できる．すなわち，目的タンパク質のみをニッケルイオン(Ni^{2+})固定化カラムに特異的に結合したのち，イミダゾールを含む緩衝液を用いて溶出するというものである．これらの融合発現ベクターは，強力かつ発現誘導可能なプロモーター，強力なターミネーター，そして外来遺伝子を挿入するための制限酵素切断部位(multi-cloning site，マルチクローニングサイト)を含む．また，融合タンパク質から目的タンパク質部分を切り出す際に用いられる，プロテアーゼによる認識・切断配列が組み込まれるよう設計されている．

2.6 封入体の形成と活性タンパク質の回収

大腸菌において外来遺伝子を過剰発現させた場合，産物の外来タンパク質が不溶性かつ不活性な形で生成することがある．このような場合，いかに効率よく活性タンパク質へと変換できるかが重要となる．

2.6.1 封入体の形成

外来遺伝子を導入した宿主細胞のような人工的環境においては，正常に折りたたまれた活性タンパク質が得られるとは限らない．とりわけ非生理的レベルにまで多量の外来タンパク質を生産させた場合には，しばしば不溶性で不活性なタンパク質として得られる．この誤って折りたたまれたタンパク質は，細胞内で互いに寄り集まって，球状の封入体(inclusion body，凝集体，顆粒などとよばれる)を形成する．たとえば，真核生物の遺伝子を大腸菌において過剰発現させた場合に，しばしば封入体の形成が認められる．また，封入体の形成は必ずしも外来タンパク質に特異的な現象ではなく，もともと宿主由来のタンパク質を過剰生産させた場合にも観察されている．封入体の局在部位は主として細胞質であるが，大腸菌のようなグラム陰性菌の場合には，内膜と外膜の間のペリプラズム空間に形成されることもある．大腸菌の細胞質内に形成される封入体の直径は0.2～1.5 μmであり，細胞膜には結合していない．封入体は，単一タンパク質(遺伝子導入により過剰生産された外来タンパク質)が非常に高密度に詰まったものであり(密度1.1～1.3)，大腸菌の細胞内で最も密度の高い構造体である．一般的には，封入体を構成するタンパク質構造に明確な規則性はないと考えられている．

どのような場合に封入体が形成されるかについては，外来タンパク質自身の物性が関連することを示唆する結果が得られているものの，一般性を見いだすには至ってい

ない．また，外来遺伝子をさほど強力ではないプロモーターに連結した場合には可溶性タンパク質として得られても，強力なプロモーターの制御下におくことにより封入体を形成してしまうことがある．一方，封入体の形成に対して，宿主細胞の生理的条件が大きく影響することも経験的に知られている．たとえば，宿主細胞を37℃で生育させると封入体を形成してしまうような場合においても，低温で培養すると可溶性タンパク質として生産される例が報告されている．したがって，封入体の形成が望ましくない場合には，遺伝子の発現や宿主の培養条件を厳密に制御することが必要となる．

2.6.2 封入体からの活性タンパク質の回収

封入体を形成する外来タンパク質の産生量は，宿主全菌体タンパク質の数十％にも及ぶことが珍しくない．また，封入体の90％以上が純粋な外来タンパク質であるため，その精製も容易と考えられる．したがって，誤って折りたたまれた，不溶性で不活性なタンパク質を可溶性の活性タンパク質へと変換できる場合には，外来タンパク質を非常に効率よく得ることが可能となる．封入体からの活性タンパク質の回収にあたっては，封入体そのものの単離，封入体を構成するタンパク質の可溶化，そしてそのタンパク質の再折りたたみといった操作が必要となる（図2.6）．以下に，大腸菌の細胞質内に形成された封入体からの活性タンパク質の回収法について述べる．

```
外来遺伝子を導入した大腸菌
        ↓ 細胞の破壊
   封入体の単離
    （遠心分離）
        ↓
     封入体
        ↓ 封入体構成タンパク質の可溶化
          （界面活性剤またはカオトロピック剤を添加）
 ランダム構造をとるタンパク質
        ↓ 封入体構成タンパク質の再折りたたみ
          （非変性緩衝液への希釈・透析）
 正しく折りたたまれた活性タンパク質
```

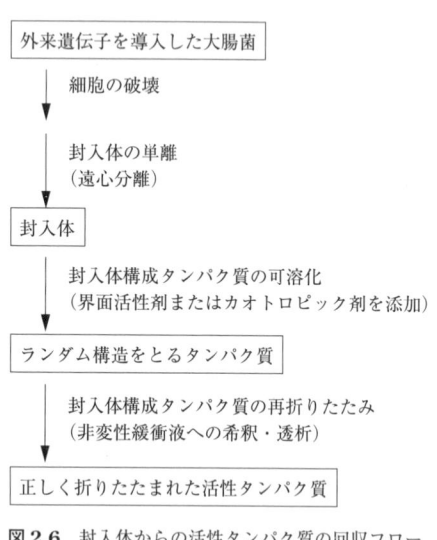

図2.6 封入体からの活性タンパク質の回収フロー．

A. 封入体の単離

培養終了後，遠心分離などにより封入体を含む大腸菌の細胞を集める．細胞を少量

の緩衝液に懸濁し，細胞の破砕を行う．封入体は細胞よりも強固な構造をとるため，通常用いられるどの方法で細胞の破砕を行った場合においても，封入体を損傷のない形で取り出すことができる．細胞破砕処理のあと，封入体を含む試料を遠心分離することにより，細胞の可溶性成分を容易に除去できることはいうまでもない．ところが，細胞破砕処理後の試料には，細胞膜断片といった不溶性の細胞破砕残渣も含まれる．一般に，封入体の密度は細胞破砕残渣に比してかなり高いため，これらの密度の差を利用する分離法が考えられる．結局のところ，遠心分離の操作だけで，封入体を他のすべての細胞成分から分離できることが多い．

B. 封入体を構成するタンパク質の可溶化

2.6.1 でも述べたように，封入体は誤って折りたたまれたタンパク質の凝集物である．封入体においてタンパク質の凝集に働く分子間力は，そのタンパク質の正常な折りたたみを安定化するのに必要な分子内力に比して，同程度かそれ以上といわれている．これらの分子間力および分子内力は，いずれも非共有結合的な性質を有する．したがって，誤って折りたたまれたタンパク質を，正常に折りたたまれたタンパク質へと変換するにあたっては，いったん，誤って折りたたまれたタンパク質の構造を完全に変性させるような溶媒に可溶化し，凝集に働く分子間力を断つことが必要となる．

封入体の可溶化に用いられる試薬は，タンパク質のいかなるアミノ酸側鎖とも反応しないことが必要であり，主として界面活性剤やカオトロピック剤などが用いられる．たとえば，尿素や塩酸グアニジンのようなカオトロピック剤やドデシル-N-サルコシン酸ナトリウムのようなアニオン性界面活性剤がよく用いられる．ドデシル硫酸ナトリウム(SDS)はタンパク質の分析によく用いられるアニオン性界面活性剤であるが，変性作用が穏和ではなく，可溶化後のタンパク質からの除去も困難であることから，活性タンパク質の回収を目的とした封入体の可溶化には使用しない．

C. 封入体を構成するタンパク質の再折りたたみ

変性剤を用いる可溶化の操作によりランダムな構造をとるようになったタンパク質は，その溶液の変性強度を下げていくことによって，正常に折りたたまれた状態へと再生される．たとえば，可溶化タンパク質を含む変性剤溶液を非変性緩衝液に希釈する，あるいは透析することにより，タンパク質の再折りたたみ(refolding)が進行する．活性タンパク質の回収率は，用いる変性剤の種類，緩衝液のpHやイオン構成，希釈率，温度などに大きく左右され，これらの条件は経験的に決められることが多い．また，再折りたたみの際に用いる緩衝液に，アルギニンやポリエチレングリコールのような化合物を添加することにより，活性タンパク質の回収率が向上する例も報告されている．

2.7 分子シャペロンの利用

タンパク質の立体構造はアミノ酸配列により一意的に定まり，細胞内で生合成されたタンパク質は自発的に折りたたまれ，正しい立体構造に至るものと考えられていた．ところが最近になって，細胞内での新生タンパク質の折りたたみ(folding)を助けるような，ある種のタンパク質群の存在が明らかとなった．

2.7.1 細胞内におけるタンパク質折りたたみ機構

一般に可溶性球状タンパク質は，疎水性アミノ酸が分子内部に集まり，そして親水性アミノ酸が分子表面に露出する形で，ポリペプチド鎖が折りたたまれた分子構造をとる．このタンパク質の折りたたみに際して重要な働きを担うのが，分子シャペロン(molecular chaperone)とよばれるタンパク質である．分子シャペロンとは，他のタンパク質(基質タンパク質)の折りたたみに際してそのタンパク質と相互作用し，そのタンパク質の正しい折りたたみを介添えするが，そのタンパク質の最終的な機能構造の構成成分とはならないような一連のタンパク質をさす．いくつかのシャペロンタンパク質の遺伝子発現は，温度上昇のようなストレス条件下で誘導されることから，熱ショックタンパク質(heat shock protein, Hsp)と命名された．しかし，Hspは通常の生理条件においても重要な機能を果たしており，熱ショックタンパク質やストレスタンパク質という呼称は，実質を反映していない点に注意を要する．分子シャペロンなしに折りたたまれるタンパク質もあるが，正しい折りたたみに分子シャペロンを必須とするタンパク質もある．一般に，シャペロンタンパク質はATP加水分解酵素(ATPase)活性を有しており，基質タンパク質とATP非依存的に結合し，ATP依存的に解離する．折りたたみ前の基質タンパク質においては，分子表面に疎水性アミノ酸が露出しているが，分子シャペロンはそのような分子表面の疎水性アミノ酸を認識するといわれている．

大腸菌の分子シャペロンのうち，最も研究が進んでいるのがGroELである(図2.7)．GroELはシャペロニンともよばれ，7分子のサブユニットが会合したリングが2相に重なったシリンダー状の14量体構造をとる．GroELのシリンダーの片側に，やはり7分子の補助因子GroESがドーム状に会合したものが結合し，GroEL/GroES複合体を形成する．分子表面に疎水性アミノ酸をもつ折りたたみ前の基質タンパク質は，GroEL/GroES複合体のGroELシリンダー内部に結合する．そして，ATP加水分解に依存したGroELからの解離に共役する形で，基質タンパク質の折りたたみ過程が進行していく．部分的にしか折りたたまれなかった基質タンパク質は，再びGroEL

2.7 分子シャペロンの利用

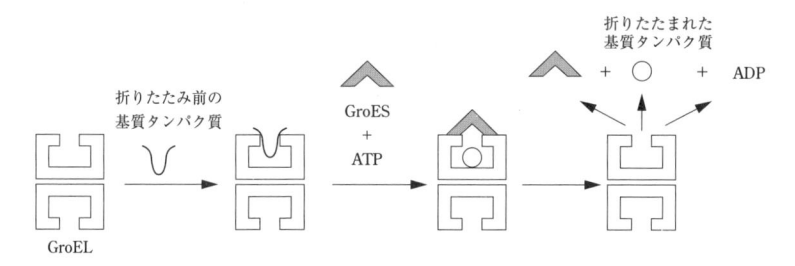

図2.7 大腸菌シャペロニンによる基質タンパク質の折りたたみ過程.
〔田口英樹, 蛋白質 核酸 酵素, **47**, 1198(2002)を改変〕

と結合し, ATP 依存的解離と折りたたみを繰り返すことにより, 最終的に完全に正しく折りたたまれた構造をとるようになる. GroEL シリンダーの「ふた」に相当する GroES は, ATPase 活性を制御することで, 折りたたみ機能に影響を及ぼしているという.

2.7.2 外来遺伝子と分子シャペロン遺伝子の共発現

たとえば大腸菌において, 外来タンパク質を過剰生産させた場合には, しばしば封入体の形成がみられる(2.6節参照). この封入体は, 誤って折りたたまれた不活性なタンパク質の凝集物であり, 活性タンパク質として回収するためには, 可溶化や再折りたたみといった複雑なプロセスが必要となる. また, 封入体からの活性タンパク質の回収が不成功に終わる例も少なくない. 一方, 2.7.1 で述べたように, 分子シャペロンはタンパク質の細胞内折りたたみ過程に重要な役割を担っている. そこで, 大腸菌において外来遺伝子を発現させる際に, 分子シャペロン遺伝子を共発現させる試みがなされている.

Anacystis nidulans という細菌のリブロースビスリン酸カルボキシラーゼ(RuBis-CO)は, 8つの大サブユニットと8つの小サブユニットが寄り集まった, 複雑な 16量体構造をとる. *A. nidulans* RuBisCO の各サブユニットをコードする遺伝子を大腸菌で発現させた場合, 活性タンパク質はほとんど得られない. ところが, 大腸菌シャペロニン遺伝子(GroES および GroEL をコードする遺伝子)と共発現させることで, RuBisCO 活性タンパク質の生産量は 8 倍以上に向上した. また大腸菌グルタミン酸ラセマーゼは, もともと大腸菌の細胞質に局在する可溶性タンパク質であるが, 強力なプロモーターを用いて大腸菌宿主内で過剰生産させた場合, その大部分が封入体を形成してしまう. さらに, 常法に従った封入体の可溶化と再折りたたみも, 不成功に終わっている. ところが, 大腸菌シャペロニン遺伝子と共発現させることにより, グルタミン酸ラセマーゼは細胞質内に可溶性の活性タンパク質として得られ, 2～4 倍

の生産量の向上が達成された．

　封入体を形成したタンパク質の再折りたたみの際に，分子シャペロンタンパク質を添加するような使い方も含め，分子シャペロンの利用は一般性のある方法として確立しつつあり，今後ますます応用範囲が広がっていくものと思われる．

3 核内受容体

　受容体は，細胞外からのシグナルを細胞内に伝える働きをする．多くの受容体は細胞表面に存在し，細胞膜を境目としたシグナルの伝達を行う．一方，核内受容体は細胞内に存在する．リガンドはステロイドや甲状腺ホルモン，またその他の両親媒性の分子である．リガンドと結合すると，核内のDNAに直接結合し，遺伝子発現を直接制御する．したがって，転写因子にも分類される．このように，リガンドの到来から少ない過程で遺伝子発現を直接制御し，細胞の機能を大きく左右することが特徴であり，生物の発生，恒常性維持（ホメオスタシス，homeostasis），代謝などにおいて，重要な役割を果たす．また多くの薬剤の標的にもなっている．

　核内受容体の研究の歴史はホルモンのそれともかかわる．1905年に E. Starling がホルモンという言葉を提唱し，1920年代にはコルチゾンとチロキシン（E. C. Kendallと T. Reichstein），またエストロゲンの精製，構造解析が行われた（A. Butenandt および E. A. Doisy のそれぞれ独立した研究による）．しかし，受容体が発見されたのはずっとあとのことで，1958年に E. Jensen がエストロゲンの受容体を単離した．1980年代には，エストロゲン，グルココルチコイド，甲状腺ホルモンの受容体が，それぞれ P. Chambon，R. Evans，B. Vennström によりクローニングされた．その後，現在までに作用機序や立体構造が明らかになってきた．

3.1 核内受容体リガンドの両親媒性

　核内受容体のリガンドは両親媒性の物質であり，血中に含まれて体内を巡ると同時に，細胞膜を透過して，細胞内の核内受容体に直接結合する．代表的な例として，甲状腺ホルモンなどの内在性ホルモン，ビタミンAの誘導体であるレチノイン酸，ビタミンDなどがある（図3.1）．近年，内在性のホルモンの一部がGタンパク質共役型受容体を活性化することもわかってきた．そのため，古典的な核内受容体を介する経

3 核内受容体

甲状腺ホルモン
(T3, トリヨードチロニン)　　レチノイン酸　　エストラジオール

図 3.1　核内受容体のリガンドの例.

路をゲノム性(genomic), そうでない経路を非ゲノム性(nongenomice)とよび, 区別する場合がある.

3.5 節で述べる FXR, LXR, PPAR などの受容体は, 脂肪酸, 胆汁酸, ステロールなど多くの代謝中間産物に低い親和性で結合する. したがって, これらの受容体は代謝のセンサーとして働いていると考えられている. 他に CAR, PXR などは生体異物を感知し, シトクロム P-450 の発現を増加させたりする. オーファン受容体とよばれる核内受容体は, 内在性のリガンドが知られていない. 今後リガンドが見つかる可能性もあるが, いくつかのオーファン受容体は, リガンド非依存的に活性をもつと考えられている.

3.2　核内受容体の構造

核内受容体はモジュール構造になっており, 以下のドメインからなる. 模式的なドメイン構造を図 3.2 に示す.

A, B)N 末端制御領域は転写活性化ドメイン 1(AF-1)を含む. AF-1 はリガンド非依存的に働く. AF-1 の転写活性は通常かなり弱いが, LBD ドメイン内の AF-2 と協調的に働き, より強力な遺伝子発現の活性化を引き起こす. A, B ドメインは核内受容体の種類により DNA 配列が大きく異なる.

C)DNA 結合領域(DNA binding domain, DBD)はよく保存された領域で, 2 つのジンクフィンガーをもち, ホルモン応答配列(hormone responsive element, HRE)などの特定の DNA 配列に結合する(図 3.3).

D)ヒンジ領域は可変性が高く, DBD と LBD をつなぐ. 細胞内の輸送や, 分布に影響する.

D)ヒンジ領域
A, B)N 末端制御領域　C)DNA 結合領域　E)リガンド結合領域　F)C 末端領域

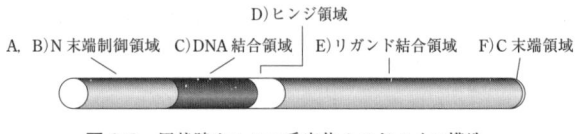

図 3.2　甲状腺ホルモン受容体 β のドメイン構造.

甲状腺ホルモン受容体β
DNA結合領域
（左側はRXR）

甲状腺ホルモン受容体β
リガンド結合領域

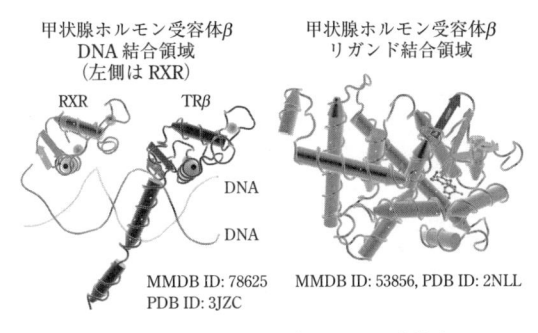

RXR　TRβ

DNA
DNA

MMDB ID: 78625
PDB ID: 3JZC

MMDB ID: 53856, PDB ID: 2NLL

図 3.3　甲状腺ホルモン受容体βの立体構造.

E) リガンド結合領域（ligand binding domain, LBD）．核内受容体のファミリーにおいて，LBD 領域の DNA 配列は中程度に保存され，また構造は高く保存されている．LBD の構造はαヘリックスによるサンドイッチ様の折りたたみになっている．つまり3本の反平行のαヘリックスがサンドイッチの中身，それを2本のαヘリックスと，3本のαヘリックスが両側から挟む形になっている（図3.3）．リガンドが結合する溝は LBD の内側になり，それはサンドイッチの中身である3本の反平行のαヘリックスのすぐ下に位置する．DBD とともに，LBD は核内受容体の二量化の際の接触面となり，またコリプレッサー（corepressor，または補助抑制因子）やコアクチベーター（coactivator，補助活性化因子）のタンパク質が結合する．LBD はまた転写活性化ドメイン2（AF-2）を含み，リガンド依存的に作用する．

F) C 末端領域は配列の保存性が高い．

3.3　作用機序による分類

核内受容体は，細胞内の分布（リガンド非存在下）と，DNA への結合様式により大きく4つの型に分けられる（図3.4）．リガンド非存在下で，I 型核内受容体は細胞質に分布し，II 型核内受容体は核内に分布する．さらに，III 型核内受容体は I 型に，また IV 型核内受容体は II 型に分布がそれぞれ似ているが，DNA への結合様式が異なる．これにより，全部で4つの型に分けることができる．

3.3.1　I 型核内受容体

細胞質においてリガンドが I 型核内受容体に結合すると，熱ショックタンパク質が解離し，ホモ二量体が形成されて，細胞質から核内への能動的な移行が起き，ホルモン応答配列（hormone response element, HRE）に結合する（図3.5）．HRE は，2つの離

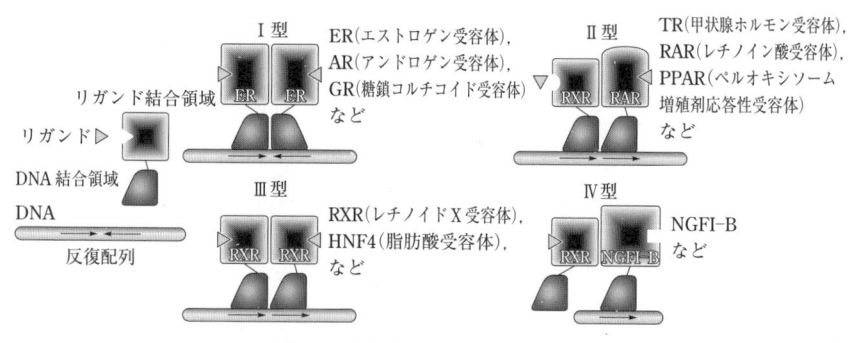

図3.4 核内受容体の DNA 結合様式.

れた短い DNA 配列からなり，その間隔はさまざまである．2 つめの配列は，1 つめの配列の逆向きになっている（逆方向反復配列，inverted repeat sequence）．Ⅰ型核内受容体はサブファミリー 3（NR3）を含み，たとえば，アンドロゲン受容体，エストロゲン受容体，グルココルチコイド（糖質コルチコイド）受容体，プロゲステロン受容体が含まれる．受容体-DNA の複合体は他のタンパク質を引き寄せ，HRE の下流の DNA からの転写を活性化し，mRNA，タンパク質の合成，ひいては細胞機能の変化をもたらす．

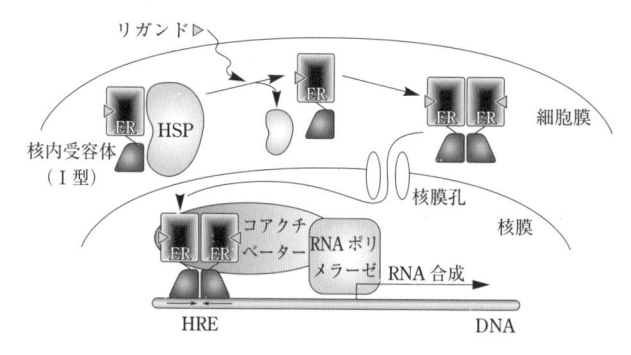

図3.5 Ⅰ型核内受容体の活性化機構.

3.3.2 Ⅱ型核内受容体

Ⅱ型核内受容体は，リガンド結合の有無にかかわらず核内にとどまる．DNA にはヘテロ二量体として結合し，通常はレチノイド X 受容体（RXR）がパートナーである（図3.4 参照）．リガンド不在時，Ⅱ型核内受容体はしばしばコリプレッサーと複合体を形成している．リガンドの結合はコリプレッサーの解離をもたらし，コアクチベー

3.4 リガンドによる活性化作用と拮抗作用

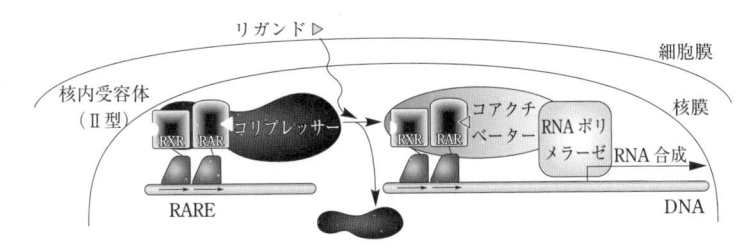

図 3.6 Ⅱ型核内受容体の活性化機構

ターとの結合を促す(図 3.6). このときの DNA の配列は, 同方向を向く反復配列である. さらに, この核内受容体/DNA の複合体に RNA 合成酵素などのタンパク質が加わり, mRNA への転写が行われる. Ⅱ型核内受容体にはサブファミリー 1(NR1), たとえばレチノイン酸受容体(PAR), レチノイド X 受容体, 甲状腺ホルモン受容体(TR)が含まれる.

3.3.3　Ⅲ型核内受容体

おもにサブファミリー 2(NR2)を含み, Ⅰ型核内受容体と同様に, ホモ二量体として DNA に結合する. しかし, Ⅰ型核内受容体とは異なり, 逆方向反復配列ではなく, 直列反復配列(direct repeat sequence)の HRE に結合する. オーファン受容体が多い.

3.3.4　Ⅳ型核内受容体

単量体または二量体で DNA に結合するが, HRE の 2 つの配列のうち片側のみに結合するのが特徴である. ほとんどの核内受容体のファミリーにみられる.

3.4　リガンドによる活性化作用と拮抗作用

3.4.1　作　動　薬

内在性のリガンド(ホルモンであるエストラジオールやテストステロン)が, それぞれ対応する受容体に結合すると, 通常は遺伝子発現を活性化する. このような働きをするリガンドを作動薬(アゴニスト, agonist)という. 内在性ホルモンの作動薬としての効果は, 合成リガンドによって模倣することができる. たとえば, グルココルチコイド受容体の抗炎症作用は, デキサメタゾンによって活性化される. 作動薬であるリガンドは受容体の構造変化を引き起こし, コアクチベーターが結合しやすくなる.

3.4.2 拮抗薬

拮抗薬（アンタゴニスト，antagonist）は，合成リガンドのうち，内在性アゴニストの作用を競合的に阻害するものである．拮抗薬は内在性のリガンド非存在下では見かけの影響を示さない．拮抗薬が結合する受容体の部位は，内在性アゴニストが結合する部位と同じであるため，内在性アゴニストの結合を競合的に阻害する．たとえば，ミフェプリストンはグルココルチコイドやプロゲステロン受容体に結合し，内在性のホルモンであるコルチゾールやプロゲステロンの作用を競合的に阻害する．拮抗薬であるリガンドは，核内受容体へのコアクチベーターの結合を阻害する．

3.4.3 反作用薬

核内受容体の中には，作動薬がない状態でも低レベルの活性を示すものがある（基底活性，恒常的活性）．合成リガンドのうち，この基底活性を減少させるものを，反作用薬（インバースアゴニスト，inverse agonist）とよぶ．

3.4.4 受容体活性の選択的調節

核内受容体に作用する一部の薬は，ある組織では作動薬としての働きを示し，別の組織では拮抗薬としての働きを示す．このように作動薬または拮抗薬としての働きが混ざって示されるリガンドを，選択的受容体調節薬（selective receptor modulator, SRM）という．SRM のこのような振る舞いは，特定の臓器の治療をめざし，他の臓器における副作用を減らすという観点から，利点となりうる．たとえば，選択的エストロゲン受容体調節薬（SERM）であるタモキシフェンは，骨組織においてアゴニストとして働き，骨粗鬆症の治療に用いられるが，乳がんを引き起こす副作用は低いとされる．SRM の作用機序はリガンドや受容体の構造により異なりうるが，作動薬による構造変化と拮抗薬による構造変化の間で均衡をとるのではないかと考えられている．コアクチベーターがコリプレッサーより多い組織では，作動薬の方向に平衡が移行する．逆にコリプレッサーが多い組織では，拮抗薬としての働きが強くなるという考え方である．

3.5 核内受容体ファミリー

ヒトで知られている 48 の核内受容体を配列の類似性から分類したものを，表 3.1 に示す．

以下に，主要なホルモンの受容体について概略を述べる．

表 3.1 核内受容体のファミリーと名称

サブファミリー	グループ	NRNC名[†]	略称	名称	遺伝子	リガンド
甲状腺ホルモン受容体型	甲状腺ホルモン受容体	NR1A1 NR1A2	TRα TRβ	thyroid hormone receptor−α thyroid hormone receptor−β	THRA THRB	甲状腺ホルモン
	レチノイン酸受容体	NR1B1 NR1B2 NR1B3	RARα RARβ RARγ	retinoic acid receptor−α retinoic acid receptor−β retinoic acid receptor−γ	RARA RARB RARG	ビタミンAとその関連化合物
	ペルオキシソーム増殖剤応答性受容体	NR1C1 NR1C2 NR1C3	PPARα PPAR-β/δ PPARγ	peroxisome proliferator-activated receptor−α peroxisome proliferator-activated receptor−β/δ peroxisome proliferator-activated receptor−γ	PPARA PPARD PPARG	脂肪酸, プロスタグランジン
	Rev-ErbA	NR1D1 NR1D2	Rev-ErbAα Rev-ErbAα	Rev-ErbAα Rev-ErbAα	NR1D1 NR1D2	heme
	RAR関連オーファン受容体	NR1F1 NR1F2 NR1F3	RORα RORβ RORγ	RAR-related orphan receptor−α RAR-related orphan receptor−β RAR-related orphan receptor−γ	RORA RORB RORC	コレステロール, 全トランス型レチノイン酸 (ATRA)
	肝臓X受容体型	NR1H3 NR1H2 NR1H4	LXRα LXRβ FXR	liver X receptor−α liver X receptor−β farnesoid X receptor	NR1H3 NR1H2 NR1H4	オキシステロール
	ビタミンD受容体型	NR1I1 NR1I2 NR1I3	VDR PXR CAR	vitamin D receptor pregnane X receptor constitutive androstane receptor	VDR NR1I2 NR1I3	ビタミンD 生体異物 アンドロスタン
2個のDNA結合ドメインをもつNRs		NR1X1 NR1X2 NR1X3	2DBD-NRα 2DBD-NRβ 2DBD-NRγ			

(続く)

表3.1 核内受容体のファミリーと名称(続き)

サブファミリー	グループ	NRNC名†	略称	名称	遺伝子	リガンド
レチノイドX受容体型	肝細胞核内因子-4	NR2A1 NR2A2	HNF4α HNF4γ	hepatocyte nuclear factor-4-α hepatocyte nuclear factor-4-γ	HNF4A HNF4G	脂肪酸
	レチノイドX受容体	NR2B1 NR2B2 NR2B3	RXRα RXRβ RXRγ	retinoid X receptor-α retinoid X receptor-β retinoid X receptor-γ	RXRA RXRB RXRG	レチノイド
	精巣受容体	NR2C1 NR2C2	TR2 TR4	testicular receptor 2 testicular receptor 4	NR2C1 NR2C2	
	TLX/PNR	NR2F1 NR2E3	TLX PNR	homologue of the Drosophila tailless gene photoreceptor cell-specific nuclear receptor	NR2F1 NR2E3	
	COUP/EAR	NR2F1 NR2F2 NR2F6	COUP-TFI COUP-TFII EAR-2	chicken ovalbumin upstream promoter-transcription factor I chicken ovalbumin upstream promoter-transcription factor II V-erbA-related	NR2E1 NR2F2 NR2F6	
エストロゲン受容体型	エストロゲン受容体	NR3A1 NR3A2	ERα ERβ	estrogen receptor-α estrogen receptor-β	ESR1 ESR2	エストロゲン
	エストロゲン関連受容体	NR3B1 NR3B2 NR3B3	ERRα ERRβ ERRγ	estrogen-related receptor-α estrogen-related receptor-β estrogen-related receptor-γ	ESRRA ESRRB ESRRG	
	3-ケトステロイド受容体	NR3C1 NR3C2 NR3C3 NR3C4	GR MR PR AR	glucocorticoid receptor mineralocorticoid receptor progesterone receptor androgen receptor	NR3C1 NR3C2 PGR AR	コルチゾール アルドステロン プロゲステロン テストステロン

(続く)

サブファミリー	グループ	NRNC名[†]	略称	名称	遺伝子	リガンド
神経成長因子 I B型	NGFIB/NURR1/NOR1	NR4A1 NR4A2 NR4A3	NGFIB NURR1 NOR1	nerve Growth factor IB nuclear receptor related 1 neuron-derived orphan receptor 1	NR4A1 NR4A2 NR4A3	
ステロイド産生因子型	SF1/LRH1	NR5A1 NR5A2	SF1 LRH-1	steroidogenic factor 1 liver receptor homolog-1	NR5A1 NR5A2	ホスファチジルイノシトール
GCNF型	GCNF	NR6A1	GCNF	germ cell nuclear factor	NR6A1	
その他	DAX/SHP	NR0B1 NR0B2	DAX1 SHP	dosage-sensitive sex reversal, adrenal hypoplasia critical region, on chromosome X, gene 1 small heterodimer partner	NR0B1 NR0B2	

[†] NRNC : The Nuclear Receptor Nomenclature Commitee

3.5.1 甲状腺ホルモン受容体

甲状腺ホルモンにはチロキシン(thyroxin, T_4)とトリヨードチロニン(triiodothyronine, T_3)の2種類がある．甲状腺ホルモンは，成長，発達，代謝などの正常な調節に必須で，ほとんどの組織の機能に重要である．合成・分泌は，甲状腺の甲状腺濾胞の壁を作っている沪胞上皮細胞で行われる．ほとんどの働きは，核内受容体型の甲状腺ホルモン受容体(thyroid hormone receptor, TR)によるが，核内受容体ではなくGタンパク質共役型受容体による速いシグナル伝達も存在する．

TRには，α型(TRα, NR1A1)とβ型(TRβ, NR1A2)の2種類の遺伝子があり(NRNC名は表3.1参照)，それぞれRNAスプライシングにより2種類あるため，合計4種類の受容体が存在する(TRα_1, TRα_2, TRβ_1, TRβ_2)．体のほとんどの細胞に甲状腺ホルモン受容体が発現している．TRα_1は骨格筋に多く，TRα_2は脳に多いがT_3には結合しない．TRβ_1は最も広く発現しているが，とくに脳に多い．TRβ_2は，おもに下垂体と視床下部に発現している．ノックアウトマウスの研究により，TRαは心臓の機能に重要であり，TRβは視床下部-下垂体-甲状腺のホルモン制御系や，血漿中のコレステロール量の制御に重要であることがわかってきた．

TRはII型核内受容体(3.3.2項)に分類され，リガンドがない状態でも核内に存在する．TRはTR応答性遺伝子の5′-UTRに存在する，甲状腺ホルモン応答配列(thyroid hormone response element, TRE)に結合する．このTRE中のAGGTCAに，単量体，ホモ二量体，またはRXRとのヘテロ二量体として結合する．

3.5.2 レチノイン酸受容体およびレチノイドX受容体

レチノイン酸受容体(retinoic acid receptor, RAR)は，レチノイドの組織や細胞に対する作用を介する．レチノイドには，ビタミンAの代謝物や，類似化合物のうち活性をもつものを含む．全トランス型レチノイン酸(all-*trans*-retinoic acid, ATRA)は，ビタミンAの代謝物の中でもとくに活性が高い．レチノイドは胚の形態形成や臓器形成，細胞の分化やアポトーシス，ホメオスタシス，そしてこれらに関する疾患にかかわることが知られている．

RARには，RARα(NR1B1)，RARβ(NR1B2)，RARγ(NR1B3)の3種類がある．これらはレチノイドX受容体(retionoid X receptor, RXR)とヘテロ複合体を形成して機能する．RXRにも，RXRα(NR2B1)，RXRβ(NR2B2)，RXRγ(NR2B3)の3種類がある．RXR-RARの複合体はリガンド依存的に，レチノイド標的遺伝子のプロモーター領域にあるレチノイン酸応答配列(retinoic acid response element, RARE)に結合し，転写制御を行う．RAREは2つの直列反復配列(direct repeat)5′-PuG(G/T)TCAが，1，2，

または5塩基離れて配置されたものである．

　RXR-RARヘテロ二量体は，アゴニストがない状態では，RXR-RARはNCoRまたはSMRTというコリプレッサーに結合している．RARのアゴニストが結合すると，コリプレッサーが外れ，コアクチベーター複合体であるヒストンアセチル基転移酵素などが結合し，転写が活性化される（図3.6参照）．しかし，RXRのアゴニスト単独では，コリプレッサーの解離や転写活性化は起きない．

　胚の発生期において，RARαはほとんどの組織で発現し，RARβとRARγはより限局した発現を示す．RARαのノックアウトマウスは，精上皮の変性によって精子産生が阻害され生殖不能である．RARβのノックアウトマウスは，眼の硝子体に異常が現れる．また，RARγのノックアウトマウスは，骨格や上皮系に異常が現れる．複数のRAR遺伝子をノックアウトすると，個体発生に異常が起き，胚，心臓，尿管，生殖器，眼球などに異常が現れ，生存率が著しく下がる．

3.5.3　ペルオキシゾーム増殖剤応答性受容体

　ペルオキシゾームは直径 $0.5\,\mu m$ の細胞内小器官で，脂質代謝の一部を行う．これまでに，多くの化合物がペルオキシゾームを増殖させることが見いだされ，その作用が，核内受容体の一種であるペルオキシゾーム増殖剤応答性受容体（peroxisome proliferator-activated receptor, PPAR）を介していることがわかってきた．PPARにはα，β，γの3種類がある．

　PPARγ（NR1C1）は摂食により活性化され，エネルギーの貯蔵にかかわる酵素群を増加させる．そのため，抗肥満薬の標的としても注目されている．リガンドが結合すると，PPARγはRXRとヘテロ二量体を形成し，PPARγ標的遺伝子のプロモーター領域にあるペルオキシゾーム増殖剤応答性配列（peroxisome proliferator response element, PPRE）とよばれるDNA配列に結合し，転写を活性化する．またPPARγは炎症応答性遺伝子の発現を抑制するが，これはリガンド依存的なトランス抑制の一例である．PPARγの合成リガンドであるチアゾリジンジオンは，インスリンに対する感受性を高める目的で糖尿病に用いられていたが，強い副作用のため現在では使用されていない．

　PPARα（NR1C2）は空腹時に活性化され，エネルギーを生むための酵素群の活性を増加させる．フィブラート系薬剤はPPARαのリガンドであり，血中のトリアシルグリセロールを減少させる．また，PPARβ（NR1C3）は，脂質のホメオスタシスにかかわると考えられている．

3.5.4 ビタミンD受容体

ビタミンD受容体(vitamin D receptor, VDR, NR1I1)は，カルシトリオール受容体ともよばれる．実際の生体内における主たるリガンドは，1,25-dihydroxycholecalciferol（カルシトリオール）である．その産生は，まず皮膚細胞においてコレステロールの一種 7-dehydrocholesterol から，日光によりビタミンD3が産生され，さらに肝臓にて 25-hydroxycholecalciferol になり，さらに腎臓で 1,25-dihydroxycholecalciferol が産生される．ビタミンD3は食物から摂取することもできる．

1,25-dihydroxycholecalciferol は，腸における Ca^{2+} や PO_4^{3-} の取り込みを促進する．また腎臓における Ca^{2+} の再吸収を促進したり，骨細胞における骨形成を亢進させたりする．極度の日光不足やプロビタミンDの摂取不足は，ビタミンDの不足を引き起こし，その結果小児におけるリケット病，成人における骨軟化症を引き起こすことが知られている．

VDRは，リガンド結合により活性化するとRXRと結合し，転写活性を上げる．標的遺伝子には，カルシウム結合タンパク質であるカルビンディン(calbindin)-D などが知られている．VDRは腸，腎臓，骨に発現が高い．ほかに，皮膚，リンパ球，単球，骨格筋，心筋，乳房，下垂体前葉などに発現している．

3.5.5 ステロイドホルモン受容体

ステロイドホルモン受容体は，リガンドが結合していない状態では，熱ショックタンパク質であるHsp90などがDNA結合領域に結合している．Hsp90は受容体とDNAとの相互作用を妨げ，また細胞骨格につなぐ形で受容体の核内への移行を妨げていると考えられている．リガンドが結合するとHsp90が離れ，他の制御因子と結合し，核内へ移行する．核内ではコアクチベーターと結合し，ホモ二量体を形成してDNAに結合し，転写を活性化する（図3.5参照）．結合するDNA配列はホルモン応答配列(hormone response element, HRE)であり，逆方向反復配列になっている．

A. エストロゲン受容体

エストロゲンは女性ホルモンとして知られており，エストロン(E1)，17β-エストラジオール(E2)，エストリオール(E3)の3種類のステロイドホルモンの総称である．エストロゲンは，卵胞の顆粒膜細胞，黄体，胎盤から分泌される．エストロゲンは，女性の性周期のほか，体つき，脳の働きにも影響する．エストロゲン受容体(ER)はERα(NR3A1)とERβ(NR3A1)の2つである．いずれの受容体も，女性の生殖器系や乳腺のほか，脳，骨，循環器系，脂肪組織に発現している．

B. アンドロゲン受容体

　テストステロンは男性ホルモンとして知られ，精巣から分泌される．男性の内外生殖器の発達，脳の発達に加え，髪の生え方や体格などにも影響を及ぼす．テストステロンの受容体は，アンドロゲン受容体（androgen receptor, AR, NR3C4）である．テストステロンの一部は，皮膚や生殖系組織にある 5α レダクターゼによりジヒドロテストステロン（DHT）に変換される．DHT も同じ受容体に結合し，テストステロンよりもむしろ高い転写活性能を示す．

C. 糖質コルチコイド受容体（GR）

　副腎皮質は，ステロイドホルモンの一種である副腎皮質ホルモンを多く分泌し，その1つが糖質コルチコイドである．糖質コルチコイドには何種類かのホルモンが含まれるが，そのうちヒトで最も存在量が多いのがコルチゾールである．糖質コルチコイドは糖（炭水化物），タンパク質，脂肪，そして水の代謝を制御する．糖質コルチコイドの受容体は，糖質コルチコイド受容体（またはグルココルチコイド受容体，GR, NR3C1）であり，体内のほとんどの細胞に発現している．

4 タンパク質の構造と機能

　生体機能を担う生体分子の代表的なものとして，タンパク質があげられる．タンパク質は古くから研究が進められており，さまざまな知見が蓄積されている．そのため，生命を扱う学問においてはこの分野の学習は必要不可欠となっている．タンパク質を扱う分野としては，生物化学をはじめとし，物理化学，有機化学においてもタンパク質の構造と機能を議論する場合が多い．

　ここでは，大学院の生物化学を学ぶうえで必要なタンパク質科学を，必要最小限に解説してゆく．タンパク質の機能を論ずる際は，物理化学的な反応速度論・動力学的解析などを駆使する必要があるが，それらの議論は他書にゆずり，必要不可欠なタン

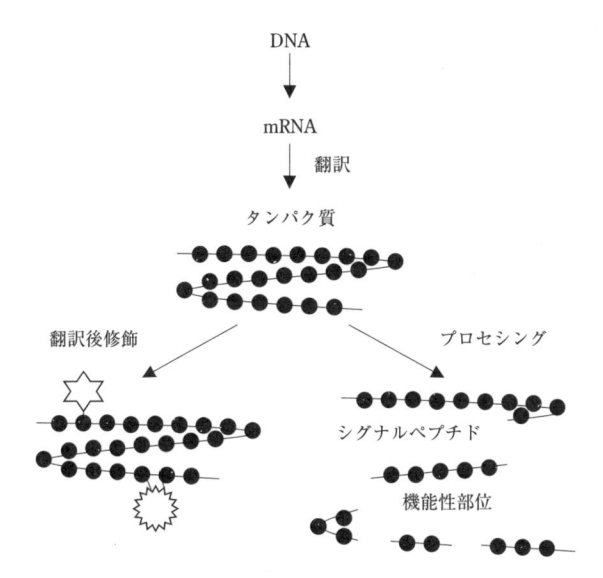

図 4.1 タンパク質の翻訳後の修飾，プロセシング．

パク質科学に焦点を当てる．生物化学を学ぶうえでのタンパク質科学と一口にいっても，その内容は多岐に渡るだろう．ここでは，「タンパク質の翻訳後の修飾・プロセシング」に焦点を当て，タンパク質の構造と機能を解説してゆく．その概念を図4.1に示す．これらは翻訳後に行われるため，ゲノム情報，mRNAレベルを調べることでは，類推することが困難である．しかしながら，タンパク質に重要な機能が付与されているため，生物化学を学ぶうえでは必要不可欠な情報となりうる．

4.1 アミノ酸の性質とタンパク質の構造

　本書の読者には多少基礎的すぎるかもしれないが，タンパク質の構造の復習から概観する．タンパク質は，表4.1に示す20種類のαアミノ酸を基に成り立っている．これらのアミノ酸は，プロリン残基のC末側を除いてペプチド結合で結ばれている．生物化学で重要となるアミノ酸の性質とタンパク質を構成したときのその意義を，以下にまとめる．

　ⅰ）塩基性アミノ酸(リシン，アルギニン)：側鎖にアミノ基(リシン)またはグアニジノ基(アルギニン)を有し，生理条件下のpHでは正に帯電するアミノ酸である．このアミノ酸が表面に多く存在すると，そのタンパク質の等電点(pI)は高くなる．また，これらのアミノ酸を切断ターゲットとするプロテアーゼ(トリプシンなど)も多く報告されている．なお，アルギニンのpK_aは12.5と非常に高いため，生理的条件下では常に正に帯電している．

　ⅱ）酸性アミノ酸(アスパラギン酸，グルタミン酸)：側鎖にカルボキシル基を有し，生理条件下のpHでは負に帯電するアミノ酸である．このアミノ酸が表面に多く存在すると，そのタンパク質の等電点(pI)は低くなる．

　ⅲ）ジスルフィド結合を形成するもの(システイン)：タンパク質は高次構造を保つため，分子内あるいは分子間でジスルフィド結合を形成する場合が多くみられる．このジスルフィド結合は生体内では安定であり，ポリペプチド鎖をつなぐ役割をもっている．試験管内では，還元条件下でジスルフィド結合を解裂させることができるため，タンパク質を分析するうえで還元処理する場合が多い．生物化学では，研究対象のタンパク質がどのような高次構造を保っているかを調べる場合が多いため，このジスルフィド結合の取り扱いは非常に重要といえる．

　ⅳ）芳香環をもち紫外領域に吸収を有するもの(チロシン，トリプトファン，フェニルアラニン)：芳香環をもつアミノ酸は紫外領域に吸収を有するため，実験室レベルでは非常に有用である．タンパク質を取り扱う生物化学では，その定量が常に求められる．タンパク質濃度を概算するやり方として，280 nmにおける吸光度を測定する

表 4.1 タンパク質にみられる標準アミノ酸

名称 (三文字表記, 一文字表記)	残基質量 (Da)	構造式 (側鎖の pK_R)	名称 (三文字表記, 一文字表記)	残基質量 (Da)	構造式 (側鎖の pK_R)
アラニン Ala, A	71.1	H−C(COO⁻)(NH₃⁺)−CH₃	グルタミン酸 Gln, E	129.1	H−C(COO⁻)(NH₃⁺)−CH₂−CH₂−COO⁻ (pK_R : 4.07)
アルギニン Arg, R	156.2	H−C(COO⁻)(NH₃⁺)−CH₂−CH₂−CH₂−NH−C(NH₂)=NH₂⁺ (pK_R : 12.48)	グリシン Gly, G	57.0	H−C(COO⁻)(NH₃⁺)−H
アスパラギン Asn, N	114.1	H−C(COO⁻)(NH₃⁺)−CH₂−C(=O)−NH₂	ヒスチジン His, H	137.1	H−C(COO⁻)(NH₃⁺)−CH₂−(imidazole) (pK_R : 6.04)
アスパラギン酸 Asp, D	115.1	H−C(COO⁻)(NH₃⁺)−CH₂−COO⁻ (pK_R : 3.90)	イソロイシン Ile, I	113.2	H−C(COO⁻)(NH₃⁺)−C(CH₃)(H)−CH₂−CH₃
システイン Cyc, C	103.1	H−C(COO⁻)(NH₃⁺)−CH₂−SH (pK_R : 8.37)	ロイシン Leu, L	113.2	H−C(COO⁻)(NH₃⁺)−CH₂−HC(CH₃)(CH₃)
グルタミン Gln, Q	128.1	H−C(COO⁻)(NH₃⁺)−CH₂−CH₂−C(=O)−NH₂	リシン Lys, K	128.2	H−C(COO⁻)(NH₃⁺)−CH₂−CH₂−CH₂−CH₂−NH₃⁺ (pK_R : 10.54)

(続く)

名称 (三文字表記, 一文字表記)	残質量 (Da)	構造式 (側鎖のpK_R)	名称 (三文字表記, 一文字表記)	残質量 (Da)	構造式 (側鎖のpK_R)
メチオニン Met, M	131.2	H–C(COO⁻)(NH₃⁺)–CH₂–CH₂–S–CH₃	トレオニン Thr, T	101.1	H–C(COO⁻)(NH₃⁺)–CH(OH)–CH₃
フェニルアラニン Phe, F	147.2	H–C(COO⁻)(NH₃⁺)–CH₂–C₆H₅	トリプトファン Trp, W	186.2	H–C(COO⁻)(NH₃⁺)–CH₂–(indole)
プロリン Pro, P	97.1	(pyrrolidine ring with COO⁻)	チロシン Tyr, Y	163.2	H–C(COO⁻)(NH₃⁺)–CH₂–C₆H₄–OH (pK_R: 10.46)
セリン Ser, S	87.1	H–C(COO⁻)(NH₃⁺)–CH₂–OH	バリン Val, V	99.1	H–C(COO⁻)(NH₃⁺)–CH(CH₃)₂

方法が広く用いられている．これは試料を失活させずに回収でき，容易な計測が可能なために，汎用性が高い．しかしながら，タンパク質の配列においてこれらのアミノ酸の含有率が異なれば，吸光係数が異なることを常に念頭に入れておく必要がある．ちなみに，これらのアミノ酸含有率の低いタンパク質を吸収で測定するためには，ペプチド結合の吸収が強い 214 nm の吸収を測定する方法もあるが，自身の吸収が強い溶媒も多いため注意が必要である．

　v) 疎水性の強いもの(ロイシン，イソロイシン)：疎水性の強いアミノ酸は，疎水性相互作用によって互いに集合する傾向があり，球状タンパク質の内側に多くみられる．さらに，ロイシンどうしが疎水相互作用をもつロイシンジッパー構造など疎水性の強いアミノ酸は，タンパク質の安定化に強く寄与していると考えられている．

　vi) イミダゾール基をもつもの(ヒスチジン)：ヒスチジンの側鎖の pK_a は 6 であり，種々の酵素の活性部位を形成する場合が多い．また，ヘムや種々の金属と配位する場合がある．ヒスチジンをタンデムに結合したタグ(His-Tag)は，ニッケルカラムに強く結合する．このタグを利用した精製法は，タンパク質工学で多用される技術の 1 つである．

　vii) 水酸基をもち，リン酸化修飾を受けるもの(チロシン，セリン，トレオニン)：水酸基をもつアミノ酸はリン酸化修飾を受ける．このリン酸化を受けたタンパク質は活性型となる場合があるため，リン酸化修飾の度合いは，生物化学的に非常に重要である場合が多い．

　以上のようなアミノ酸の性質は，生物化学を学ぶうえでとくに重要となっている．これらの性質をもとに，タンパク質の機能が生まれるといえる．

　タンパク質の構造が安定化されるためには，種々の分子間相互作用が大きく寄与している．一例として，静電相互作用，水素結合，疎水相互作用，配位結合などの寄与が大きい．これらの相互作用を利用して，タンパク質は密に充てんされ，生体高分子としての機能をもつ．

　アミノ酸が重合してポリペプチド鎖を形成したときのアミノ酸配列を，タンパク質の一次構造とよぶ．さらに，α ヘリックス，β シート，β ターンといった主鎖の水素結合に基づく部分的な構造を二次構造とよび，側鎖のコンホメーションや非共有結合した補因子を含む構造を三次構造とよぶ．さらに，複数のポリペプチド鎖が集合して生じるサブユニット構造を四次構造とよぶ．

4.2　タンパク質の翻訳とプロセシング

　タンパク質は，翻訳後にプロセシングを受ける場合が多い．タンパク質の生合成は

メチオニンから始まるが,多くの成熟タンパク質のN末端はメチオニンではない.これは,N末端を含む領域においてプロセシングとよばれるタンパク質の切断が頻繁に起きているためである.とくに生理活性ペプチドに分類されるペプチドは,複雑なプロセシング過程を受ける.タンパク質のプロセシングと似たような機能として,RNAの転写後のスプライシングがあげられる.RNAのスプライシングと比較して,タンパク質のプロセシングは比較的知られていないが,重要な調節を受ける場合が多いためここでは詳しく解説する.

　図4.2に,タンパク質のプロセシングの一例としてグルカゴンのプロセシング過程を示す.グルカゴンは29個のアミノ酸残基からなるペプチドホルモンであり,低血糖時にランゲルハンス島α細胞から分泌される.肝臓などの細胞膜のアデニル酸シクラーゼ系を活性化し,サイクリックAMP依存プロテインキナーゼ,グリコーゲンホスホリラーゼを介してグリコーゲン分解を促進する作用が知られている.グルカゴンはグルカゴン領域を含むプレプログルカゴンとして生合成される.このプレプロ体は前駆体タンパク質とよばれ,グルカゴンとしての活性はもたない.プレプロ体のN末端側には,シグナルペプチドがコードされている.前駆体タンパク質は,そのシグナルペプチドによって特定のオルガネラに集積される.プレプログルカゴンのN末端には,小胞体に集積するためのシグナルペプチドが存在する.プレプログルカゴンは,小胞体に集積したのちにシグナルペプチドが切断され,プログルカゴンと変換される.プログルカゴンとなったポリペプチドは,種々のペプチダーゼ(PC1/3あるいはPC2など)によって切断され,ペプチドホルモンとして活性のあるグルカゴンへと成熟される.このペプチダーゼの基質認識部位は,リシン,アルギニンなど塩基性アミノ酸が2～3個並んでいる場合が多い.

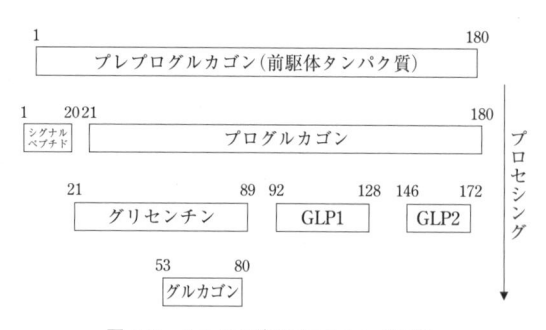

図4.2 タンパク質のプロセシングの例.

　プレプログルカゴンは,さまざまな生理活性ペプチド部位をもっている.たとえば,グルカゴンのほかにグリセンチン,グルカゴン様ペプチド(GLP)-1,GLP-2などの生

理活性ペプチド部位がある．この遺伝子にコードされているペプチドは前駆体の形で生合成され，翻訳後のプロセシングによってこれらの生理活性ペプチドが合成される．膵臓でこの遺伝子が発現するとグルカゴンを生成するのに対し，小腸下部で発現すると，グルカゴン以外の生理活性ペプチドが合成される．同一遺伝子でありながら，プロセシング過程によって合成されるペプチドが異なる．これは生体内におけるプロセシング過程の重要さを示しているといえる．

現在，分子生物学やバイオインフォマティクスの分野では，データベースの利用が必須となっている．一例として，NCBI（米国 National Center for Biotechnology Informatnion, http://www.ncbi.nlm.nih.gov/）が有名である．PubMed を運営していると言えば，納得される読者も多いであろう．このサイトでは，タンパク質の一次配列も数多く登録されており，報告されているプロセシング部位なども簡単に検索できるので，興味のあるタンパク質を検索することをお勧めする．

4.3 タンパク質の翻訳後修飾

タンパク質は翻訳後にさまざまな修飾を受けることがあり，翻訳後修飾とよばれている．翻訳後修飾は，タンパク質が翻訳されたあとに他のタンパク質の作用によって行われる．言い替えると，翻訳後修飾はゲノムの情報からは類推することが困難である．一方で，翻訳後修飾は生物化学的に重要な機能を果たしている場合が多い．そのため，タンパク質の構造・機能を調べるためには，翻訳後修飾の状態を詳細に調べる必要がある．以下に，生物化学においてとくに重要な翻訳後修飾をまとめる．

4.3.1 リン酸化

アミノ酸のうちセリン，チロシン，トレオニンは，リン酸基の付加を受ける場合がある．このリン酸基付加の反応は，原核生物，真核生物の両方の生物に存在する重要な調節機構である．この過程は，キナーゼ（リン酸化酵素）とホスファターゼ（脱リン酸化酵素）とよばれる酵素が関係している．多くの酵素や受容体は，リン酸化と脱リン酸化でスイッチの on/off の制御を行っている．

4.3.2 メチル化

メチル化は，DNA とタンパク質双方において起こることが知られており，エピジェネティクス（epigenetics）に寄与していることが知られている．タンパク質メチル化は，アルギニンかリシン残基で起こることが知られている．タンパク質メチル化は，とくにヒストンにおいて研究されており，ヒストンメチルトランスフェラーゼによってヒ

ストンがメチル化されることが知られている．近年，エピジェネティクスによる機序が遺伝子発現に関与している事例も多数報告されるようになってきており，生物化学における一大領域を形成しつつある．

4.3.3　糖鎖付加（グリコシル化）

アスパラギン，セリン，トレオニンにグリコシル基が付加し，糖タンパク質を形成する．糖鎖付加にはN-結合型グリコシル化とO-結合型グリコシル化の2つの型が存在する．アスパラギン側鎖のアミド基のN原子への付加はN-結合型グリコシル化，セリンとトレオニン側鎖のヒドロキシ基のO原子への付加はO-結合型グリコシル化である．糖鎖付加は，細胞膜の合成やタンパク質分泌における翻訳後修飾の重要な過程の1つであり，粗面小胞体で行われる．近年の分析技術の発達によって，さまざまな糖鎖付加が明らかとなってきており，生物化学における新しい潮流の1つをなす．

4.3.4　脂質付加

タンパク質への脂質の付加は，細胞の膜成分と親和性を上げる目的の場合が多い．すなわち，付加された脂質はアンカーとして細胞膜に埋め込まれ，タンパク質部分が細胞の膜成分近傍で機能する．代表的な脂質付加としては，ミニストイル化，ファルネシル化，グリコシルホスファチジルイノシトール-アンカー（GPIアンカー）の結合などが知られている．

4.3.5　補欠分子の共有結合

タンパク質が機能を発揮するために，補欠分子がタンパク質に共有結合あるいは非共有結合している場合がある．補欠分子の中でも多くのタンパク質で重要な役割を果たすのが，ヘム（通常は鉄−プロトポルフィリンをさす）である．たとえば，ヘモグロビンやミオグロビンなどでは酸素運搬，貯蔵の役割を果たしており，シトクロムP-450では薬剤代謝の役割を，シトクロムcなどでは電子伝達の役割を果たすなど，ヘムの働きは多岐に渡る．ヘムとタンパク質は，ヘモグロビンやミオグロビンなどでは非共有結合によって結合しており，シトクロムbなどでは共有結合によって結合している（図4.3）．

4.3.6　N末端およびC末端の修飾

タンパク質のN末端の遊離のαアミノ基は，修飾を受けている場合がある．タンパク質の一次構造配列の決定法にEdman（エドマン）分解法を用いる場合があるが，天然のタンパク質では反応が進行しない場合が多い．これは，Edman分解ではN末

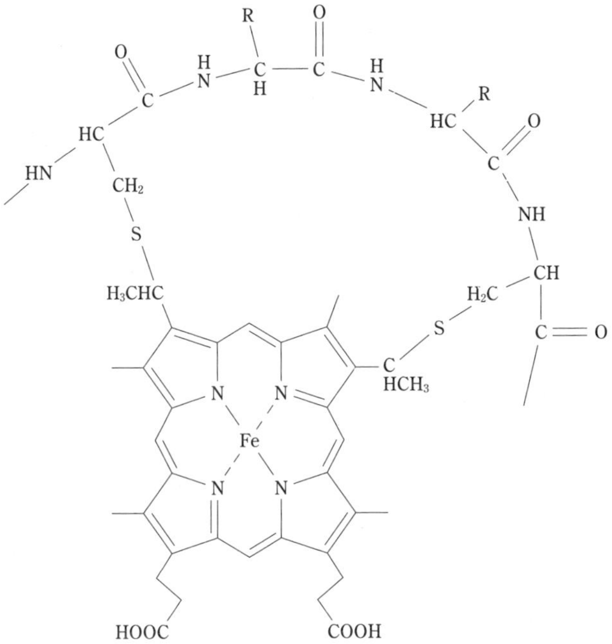

図 4.3 ヘムのタンパク質への結合.

端のアミノ酸を分解するが，N末端が修飾を受けているためEdman分解が起こらないためである．おもなN末端の修飾としては，ピログルタミル化，ホルミル化，アセチル化などがあげられる（図4.4）．また，ペプチドホルモンの中ではC末端が修飾を受け，アミド化を受けている場合がある．末端を保護する目的としては，エンドプロテアーゼからの攻撃を回避するためと考えられている．

4.3.7 ヒドロキシル化

翻訳後修飾の中には，側鎖にヒドロキシル基を付加するものがある．一例として，コラーゲン前駆体のプロリン残基をヒドロキシプロリン残基に変換する反応や，フェニルアラニンからチロシンに変換する反応があげられる．

4.3.8 ユビキチン付加

タンパク質の分解機構として代表的となってきた系が，ユビキチン-プロテアソーム系である．これは，不要となったタンパク質を分解するためなどに用いられる系であり，分解されるタンパク質がポリユビキチン化され，プロテアソーム系によって認識されたあとにタンパク質が分解される．ユビキチンは，76個のアミノ酸残基から

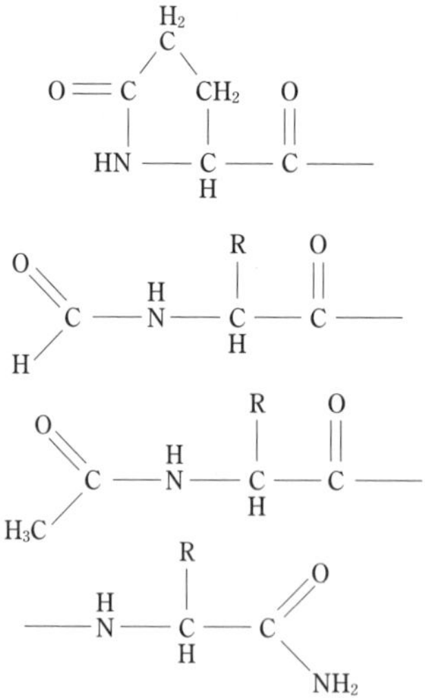

4　タンパク質の構造と機能

```
        H₂
        C
O=C   CH₂  O
   \  /    ‖
   HN-C----C----        N末端のピログルタミル化
        |
        H

O        R    O
‖    H   |    ‖
C---N----C----C----     N末端のホルミル化
|        |
H        H

O        R    O
‖    H   |    ‖
C---N----C----C----     N末端のアセチル化
|        |
H₃C      H

         R    O
     H   |    ‖
----N----C----C          C末端のアミド化
         |    |
         H    NH₂
```

図 4.4　N 末端および C 末端の修飾.

構成された分子量 8600 の小さなタンパク質である．タンパク質のユビキチン化は側鎖のリシン側鎖で起こり，複数のユビキチン分子が枝状に重鎖結合される．生じたポリユビキチン鎖は，分解シグナルとなってプロテアソーム系により補足されたのち，タンパク質が速やかに分解される．近年，急速に研究が進んでいる分野であり，ゲノム情報だけでは得られないタンパク質ワールドを表す好例といえる．

以上のような翻訳後修飾が，タンパク質に新たな機能を与える場合が多い．しかしながら，これらの翻訳後修飾の解析方法はいまだに十分ではなく，機能が未知な翻訳後修飾の存在も示唆されている．

4.4　プロテアーゼの構造と機能

生体にはさまざまな酵素が存在する．その中でも，プロテアーゼは細胞内外において広範に存在し，生体のシステムに深く関与している．プロテアーゼによるタンパク質の分解は，プロセシングと寿命がきたタンパク質の消化に分けられる．このうちプロセシングにかかわるプロテアーゼは，生体のさまざまな場面で重要な役割をもつ．ここでは，タンパク質の構造と機能を示す例として，プロテアーゼの構造と機能について述べる．

プロテアーゼの多くは前駆体(チモーゲン，zymogen)として翻訳される．この前駆

体の状態ではプロテアーゼとしての活性はほとんどない．しかしながら，この前駆体がプロセシングを受けることによって活性をもつ成熟プロテアーゼとなる．すなわち，プロテアーゼがプロセシングによって活性化されるためには，他のプロテアーゼの活性が必要である．プロテアーゼによるプロセシングは不可逆な反応であるため，これらの反応は非常に厳密であり，生体においてさまざまな場面で重要な役割をもつ．

生体反応をつかさどる酵素も，不活性型の前駆体として翻訳されるものがある．活性型の酵素をそのまま合成するのではなく，まず不活性型の前駆体として合成しておき，あとで活性化するのは，次のような意義があると考えられている．

ⅰ）迅速な調節が可能となる：遺伝子の転写，mRNAの翻訳には数十分～数時間がかかるため，緊急事態に対応するにはまにあわない．活性をもたない前駆体をあらかじめ用意しておけば，必要が生じたときにすぐに活性化して使うことができる．

ⅱ）反応を増幅できる：凝固系，補体系，アポトーシスなどの経路は，活性化された酵素が次の段階の酵素を活性化するというカスケード反応になっている．1つの酵素は無数の基質を反応させることができるので，小さな入力から大きな出力（反応）を得ることができる．

ⅲ）酵素活性を時間的・空間的に限定できる：必要なときに，必要な場所でのみ，酵素を活性化させることができる．たとえば，消化酵素は食物を分解して吸収できるようにするうえで不可欠なものであるが，自己の組織をも分解しかねない危険な存在である．そこで，酵素を前駆体として合成して不活性な状態で貯蔵しておき，食事後に消化管内に分泌されてはじめて活性化するようにしている．

4.5　質量分析法によるタンパク質の解析

生体が発現している生体分子を議論する場合において，mRNAの解析で終了している場合が多く見受けられる．実際に生体で機能している生体分子はタンパク質であることが多いため，タンパク質の発現を調べることは重要である．タンパク質は翻訳後にプロセシング，修飾などを受ける場合が多く（4.3節），それらはとくに重要な情報であるが，タンパク質レベルの解析ではじめて明らかとなる情報である．これまでのタンパク質発現解析は，ELISA法（4.6節）やWestern blot（ウェスタンブロット）法など，抗体を用いる検出・定量法がほとんどである．しかしながら，これらの検出系は抗体の性質に強く依存する．また，抗体の中にはエピトープ（epitope，抗体の認識部位）がはっきりしていないものが多く，これらの方法を用いる検出は，慎重に議論する必要がある．さらに，抗体はタンパク質の「特定の」部位を認識しているものであり，それ以外の部位においてプロセシング，翻訳後修飾を受けているかの情報を直接

得るのは困難であることを，念頭に入れておく必要がある．

質量分析計が高度に発達してきたため，生体に発現している微量タンパク質の解析が可能となってきた．質量分析計を用いると，タンパク質の翻訳後修飾の存在も（理論上は）可能であるため，生物化学では重要な技法となりつつある．さらに，解析効率が上がってきたため，網羅的解析もできるようになってきた．このタンパク質に対する網羅的解析はプロテオミクス解析とよばれ，近年発達してきた技術の1つである．生体内におけるタンパク質は常に状態が変化している動的なものであり，複雑なネットワークを形成しているため，タンパク質群の網羅的解析は，生物化学上大きな意義をもつ．ここでは，質量分析法（MS）を用いるタンパク質の解析について述べる．

質量分析計は，試料をイオン化する部分，イオン化した分子を分子量で分離する部分，イオンを検出する部分，解析をする部分の4つの部位に大別することができる．これらを組み合わせることによって，質量分析計の種類が決まる．たとえば，イオン化部分がMALDI型，質量分離部分がTOF型である場合は，MALDI-TOF型質量分析計という．表4.2, 4.3に，代表的なイオン化法，質量分離法について示す．タンパク質を取り扱う場合においては，イオン化方法としてESI，MALDIが，質量分離方法としては四重極，イオントラップ，TOFなどが多用されている．イオン検出部としては，どのシステムも光電子増倍管やマイクロチャンネルプレートが用いられている．システムとして重要な点としては，MALDI型では試料をマトリックスと混合したのちに乾固させるが，ESI型では試料を溶液のまま測定できるために，LCなどと

表4.2　質量分析計におけるイオン化法

方法	略称	特徴
高速原子衝撃	FAB	・試料をマトリックス（グリセリンなど）に混ぜ，ここに高速で中性原子（Ar, Xeなど）を衝突させる ・試料を加熱しない→熱に弱い物質も測定可能 ・負イオンも測定可能 ・溶媒に溶けないものは測定不可能
エレクトロスプレーイオン化	ESI	・試料を溶媒に溶かして高電圧をかけたキャピラリーに導入・噴霧し，溶媒をとばしてイオン化する ・最も再分画化が起こりにくい ・溶液中のイオンを測定できる ・質量数が大きいものも測定可能 ・溶液中で電荷をもたないものは測定できない ・溶媒に溶けないものは測定不可能
マトリックス支援レーザー脱離イオン化	MALDI	・試料をマトリックス（芳香族有機化合物など）中に混ぜて結晶を作り，これにレーザーを照射することでイオン化する ・使用するレーザーの波長と合えばイオン化できる ・10000までの分子量の分子をイオン化できる

4.5 質量分析法によるタンパク質の解析

表 4.3 質量分析計における質量分離法

方法	略称	特徴
磁場偏向型	magnetic sector	イオンを磁場中に通し，その際に受けるローレンツ力による飛行経路の変化を利用する．小数点以下 4 桁の高分解能が得られるため，ミリマス測定が可能
四重極型	quadrupole, Q	イオンを 4 本の電極内に通し，電極に高周波電圧を印加することで試料に摂動をかけ，目的とするイオンのみを通過させる分析法．測定可能な質量範囲は m/z = 4000 程度まで
イオントラップ型	ion trap, IT	イオンを電極からなるトラップ室に保持し，この電位を変化させることで選択的にイオンを放出することで分離を行う．比較的安価で分解能も高いが，定量性の低さが欠点
飛行時間型	time-of-flight, TOF	イオン化した試料をパルス的に加速し，検出器に到達するまでの時間差を検出する．原理上測定可能な質量範囲に制限がなく，また高感度

接続できることである．

　MS を用いる解析では微量タンパク質の網羅的解析が行うことができるため，プロテオミクス解析技術として発展してきた．試料としては細胞溶解液，組織溶解液，体液などを用いる．プロテオミクス解析では，これらの試料中に含まれる数千から数万種類のタンパク質群を同定できる．はじめにこれらの試料中のタンパク質を，電気泳動，HPLC などで分離する．電気泳動として二次元電気泳動，HPLC として多段階 HPLC がよく用いられている．現在のところ，質量分析計を用いるタンパク質の同定は，分子量が 5000 を超えるものでは困難である．そのため，得られた試料に対してトリプシンなどを用いるプロテアーゼ処理を行い，その分解産物であるペプチド断片に対して MS 解析を行う．これら一連の前処理は，MS 解析を成功させるために非常に重要な要素である．MS 解析によってペプチド断片の質量数が測定できる．得られた断片の質量数をタンパク質の一次配列データベースに照合し，もとのタンパク質を決定する．このデータベース検索として，おもに Mascot 検索が用いられている (http://www.matrixscience.com/)．複数の切断断片の質量数からもとのタンパク質を決定する手法は，MS 解析を用いるペプチドマスフィンガープリント法 (PMF 法) とよばれる．しかしながら，この手法は MS 解析をしただけのため，非常に不確定な要素が大きい．新たな質量分析計として，タンデム質量分析計 (MS/MS) 法がおもに用いられるようになってきた．これは，質量分析計に導入された試料イオンを選択したのちに断片化し，生成したイオンを分析することで試料の構造情報を得る方法で，複数の質量分析室をもつ．MS/MS 解析では，試料をイオン化し質量数を測定したのち，特定イオンを選択してそのイオンを再分画化させる．ここでは，ペプチドはアミ

ノ酸レベルに再分画化される．このフラグメントの質量数を測定することによって，アミノ酸配列を決定することができる．配列レベルの情報が得られるため，PMF法より精度の高い情報が得られる．

4.6 バイオマーカーの探索と応用

医学系などの分野が生命理工学分野に期待する領域の1つとして，バイオマーカーの開発があげられよう．バイオマーカーとは，特定の疾病の状態を数値化するものであり，血液，尿などの体液診断から画像診断まで，多岐に渡る．バイオマーカーをとりまく環境は，ここ数年で大きく様がわりしてきた．表4.4に，現在求められているバイオマーカーをまとめる．これまでは，特定の病態を示すものだけであったが，患者の治療方針を決定する奏功マーカー，予後をモニタリングするマーカーなど，オーダーメイド医療を実現するには欠かせないものとなってきている．米国食品医薬品局(FDA)が，新薬を申請する際にはバイオマーカーをセットで提出するよう求めてきていることからも，バイオマーカーの必要性が重要となっていることがわかる．バイオマーカーで最も汎用性が高いのは血液診断であり，いくつかの血中タンパク質がバイオマーカーとして利用されている．ここでは，バイオマーカーの一例として腫瘍マーカーの開発について述べる．

表4.4 現在求められているバイオマーカー

種類	特徴
診断	疾病の有無を判断できる
分類	疾病の組織学的分類・ステージなどを判断できる
治療応答性	特定の薬剤・治療に対する効果(または副作用)を予測できる
予後のモニタリング	治療後の再発などをみきわめる予後のモニタリングができる

現在用いられている腫瘍マーカーの大部分は，特異抗体を用いるELISA法(enzyme-linked immunosorbent assay)を用いて検出されている．ELISA法は，タンパク質などを簡便に測定する方法として臨床で広く用いられている．図4.5に，現在用いられているELISA法の原理を示す．複数の抗体を用いるサンドイッチ法が，おもに利用されている．抗体を用いることにより，目的タンパク質以外の物質が多量に含まれている場合でも，高感度に目的のタンパク質を検出することが可能である．血液は多量のタンパク質が含まれているため，その利点は大きい．しかしながら4.5節でも述べたように，抗体の認識部位の存在を調べているのみであるため，翻訳後修飾の有無などの生体分子としての情報を得ることは困難である．

4.6 バイオマーカーの探索と応用

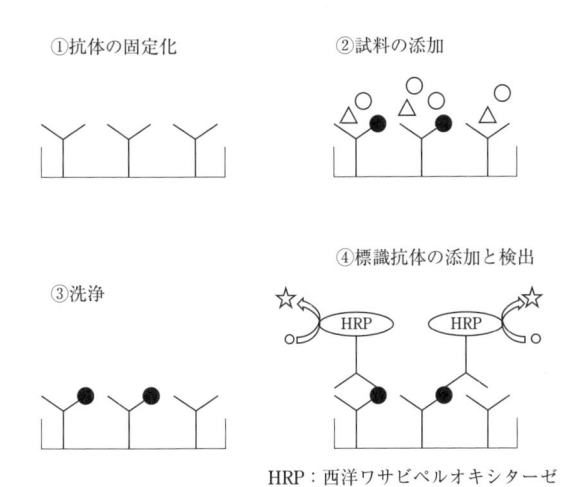

①抗体の固定化　②試料の添加

③洗浄　④標識抗体の添加と検出

HRP：西洋ワサビペルオキシターゼ

図 4.5　ELISA の原理.

　腫瘍マーカーの大部分はタンパク質であり，血中で検出可能なものが広く用いられている．代表的なものとして，大腸がんや胃がんにおける CEA(腫瘍胎児性抗原)，前立腺がんにおける PSA(前立腺特異抗原)などがあげられる．この 2 つの腫瘍マーカーは臨床で広く使われているものの，新しい腫瘍マーカーの開発が求められているのが現状である．

　腫瘍マーカーの開発例として，肺小細胞がん特異的な腫瘍マーカーである proGRP(ガストリン放出ペプチド(gastrin-releasing peptide, GRP)前駆体)の開発例について述べる．肺小細胞がんはとくに悪性度の高い肺がんである一方で，早期発見ができた場合には，比較的化学療法の効果が高いといわれているがん種である．そのため，肺小細胞がん特異的な腫瘍マーカーの開発が求められてきた．GRP はペプチドホルモンの一種であり，ガストリンの放出を促すホルモンである．proGRP は，肺小細胞がんに対して約 6 割程度の陽性率をもつ腫瘍マーカーである．proGRP は GRP 部位と proGRP 部位からなっている．肺小細胞がん患者から摘出した肺がん病巣部では，proGRP 発現量が高いことが知られていた．そこで，血中 GRP 濃度を測定すれば腫瘍マーカーとして用いることができると考えられ，開発が進められた．しかしながら，GRP の血中半減期がきわめて短いことから，血中で安定なバイオマーカーとしては用いることができなかった．現在では，GRP の切れ端部分である proGRP が血中に安定して存在することが明らかとなっているため，これに対する抗体が作成され，ELISA 法によって検出することで，腫瘍マーカーとして用いられている．proGRP が GRP 部位とその他の部位にプロセシングされ，ペプチドホルモンとして活性をもた

ない部位がバイオマーカーとして用いられている興味深い例である．この開発例は，タンパク質を測定する際には単なる断片の解析をせず，タンパク質全体の配列やプロセシング・翻訳後修飾の有無などを詳細に測定する必要があることを，強く示している．現在では，このようなペプチドホルモン前駆体の腫瘍マーカーとしての可能性が研究されている．

　腫瘍マーカーの多くはタンパク質およびその誘導体であり，ELISA法によって検出されることが多い．他の腫瘍マーカーの開発例の1つとして，アミノレブリン酸（ALA）から誘導されるポルフィリンを用いた腫瘍スクリーニングの検討が進められている．その概念を図4.6に示す．がん患者にALAを投与すると，腫瘍部位にポルフィリンが蓄積することが知られている．ポルフィリンは，適切な励起光を照射すると蛍光を生じ，活性酸素を発生するため，この現象と励起光を組み合わせたがんの診断と治療が，臨床で用いられている．また，蓄積したポルフィリンは尿・血中に漏出するため，これを検出することで腫瘍スクリーニングができると考えられ，臨床試験が進められている．ポルフィリンは蛍光を発するため，ELISA法と同等の高感度での検出ができ，ELISA法と比較して簡便に計測できる．

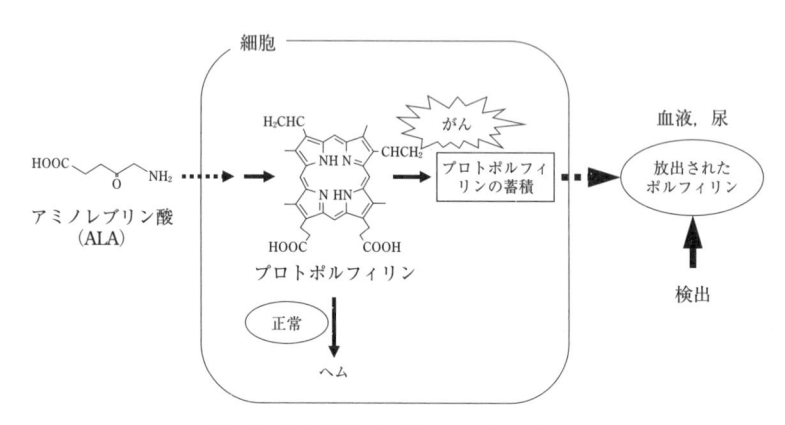

図4.6 ALAを用いるがんのスクリーニング．

5 原核生物におけるエネルギー代謝の多様性

　生物が有する大きな特徴は，細胞外の物質を取り込んで分解する過程でエネルギーを取り出すことと，そのエネルギーを利用して自らの成分を合成し子孫の細胞を作り出すことの2つである．この分解と生合成は，酵素が触媒する一連の化学反応で進行し，代謝と称される．分解で生じたエネルギーは，細胞内のエネルギー通貨であるアデノシン5′-三リン酸(ATP)（図5.1(a)）の生合成に用いられ，細胞中で生命維持や生合成，分裂などさまざまに利用される．ATPなどの高エネルギー化合物を合成する代謝が異化代謝(catabolism)であり，CO_2 や有機酸・アルコールなどが最終産物として排出される．また，ATPなどとして取り出したエネルギーを利用して，核酸・タンパク質・脂質などの細胞を構成する高分子化合物を生合成する代謝が，同化代謝

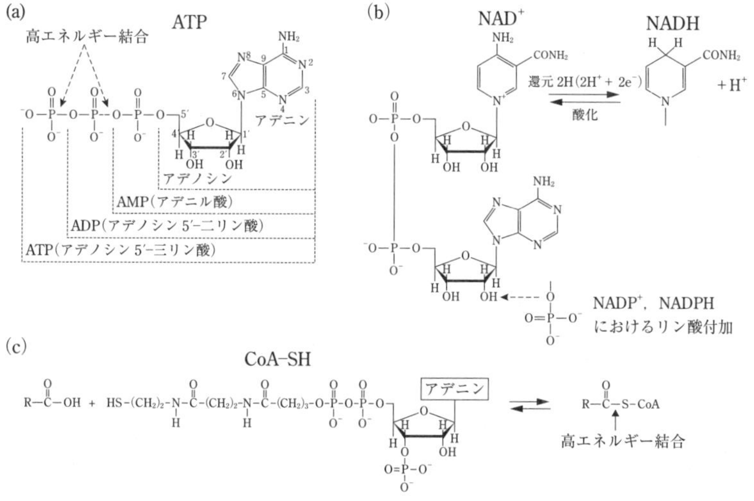

図5.1　アデノシン5′-三リン酸(ATP)(a)，ニコチンアミノアデニンジヌクレオチド(NAD)(b)，および補酵素A(CoA-SH)(c)の構造．

(anabolism)である.

穀物や果汁のアルコール発酵は古くから醸造として利用されてきたが，これは酵母細胞による嫌気的な異化代謝の一様式である．発酵の科学的な理解は18世紀後半のA. L. Lavoisier(ラボアジェ)によるアルコール発酵現象の研究に端を発し，19世紀後半にはL. Pastuer(パスツール)によって，酵母細胞の生命現象であることが明らかにされた．さらに1897年にE. Buchner(ブフナー)により，酵母細胞中のチマーゼと名づけられた物質(酵素混合物)によって発酵反応が進行することが示され，近代生化学の原点となった．今日では，アルコール発酵は醸造にとどまらず，石油を代替するバイオ燃料の生産方法としての実用化が進められている．さらに，微生物の多様な代謝による物質変換を利用する物質生産や環境浄化への利用が期待され，盛んに研究されている．微生物には，有機化合物をエネルギー源・炭素源とする従属栄養生物，光エネルギーを利用してCO_2を同化する光合成独立栄養生物，水素・アンモニア・硫化水素・硫黄・Fe^{2+}イオンなどの還元性無機物質をエネルギー源としてCO_2を同化する化学合成独立栄養生物が存在し，さまざまなエネルギー代謝や炭素代謝が機能している．また地球上の微生物の総量は動物と同程度以上(10^{12} kg以上)と推定されており，多様かつ大量の微生物が，地球規模での炭素・硫黄・窒素・鉄などの物質循環に寄与している．ここでは微生物の多様な代謝の中で，エネルギー獲得代謝として重要な，呼吸および発酵を中心に概説する．

5.1 ATP生成反応

ATPのγ位およびβ位のリン酸基は静電的な反発によって不安定(高エネルギー)な状態にあり，そのため，$\alpha-\beta$間および$\beta-\gamma$間のリン酸エステル結合は高エネルギー結合とよばれる(図5.1(a))．さまざまな生化学反応では，代謝中間体にこのATPの不安定なリン酸基が移されて活性化されることで反応が進行する．代謝での化学反応により高エネルギーのATPを合成するためには，基質レベルでのリン酸化あるいは電子伝達(呼吸)に共役した酸化的リン酸化の2つの方法がある．基質レベルのリン酸化では，高エネルギーリン酸基をもつ不安定な化合物から安定な低エネルギー化合物に変換される際に，高エネルギーリン酸基がADPに転移することでATPが合成される．電子伝達-酸化的リン酸化では，代謝中間体の酸化反応によって生じた還元型ニコチンアミドアデニンジヌクレオチド(NADH)（図5.1(b)）や，還元型フラビンアデニンジヌクレオチド($FADH_2$)などの還元型補酵素(還元力)の電子が，細胞膜に埋め込まれたタンパク質間を一定方向に移動する過程で，プロトン(あるいはナトリウムイオン)が排出され，膜を介したイオン濃度勾配が形成される．この濃度勾配の解消

と共役して，ATP合成酵素がADPと無機リン酸からATPを合成する．

これらATP合成には酸化還元反応によって放出されるエネルギー(ギブズ自由エネルギー)が利用されるが，このエネルギーは反応における酸化還元電位差に相当するため，細胞が獲得できるエネルギーの最大量は利用する電子供与体と電子受容体の組合せによって決まる．図5.2には，代表的な酸化還元半反応とその酸化還元電位(生化学的標準状態，$E_0'(\mathrm{v})$)を示す．水素を電子供与体，酸素を電子受容体とした好気代謝は，グルコースの好気代謝と同等の酸化還元電位差であり，すなわち同定度のエネルギーを利用可能である．一方で同じ水素を電子供与体としても，フマル酸や硫酸を電子受容体とした嫌気代謝は酸化還元電位差が小さく，利用可能なエネルギーが少ない．酸化還元電位差が小さいと合成可能なATP量は少なくなるため，そのような電子供与体と電子受容体の組合せを利用する微生物の増殖は一般に遅い．

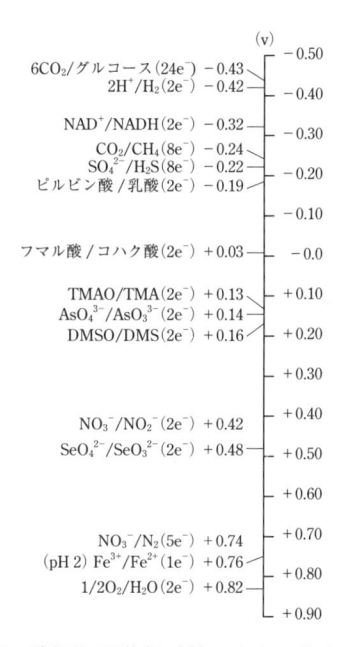

(v)
- $6CO_2/$グルコース$(24e^-)$ −0.43
- $2H^+/H_2(2e^-)$ −0.42
- $NAD^+/NADH(2e^-)$ −0.32
- $CO_2/CH_4(8e^-)$ −0.24
- $SO_4^{2-}/H_2S(8e^-)$ −0.22
- ピルビン酸/乳酸$(2e^-)$ −0.19
- フマル酸/コハク酸$(2e^-)$ +0.03
- $TMAO/TMA(2e^-)$ +0.13
- $AsO_4^{3-}/AsO_3^{3-}(2e^-)$ +0.14
- $DMSO/DMS(2e^-)$ +0.16
- $NO_3^-/NO_2^-(2e^-)$ +0.42
- $SeO_4^{2-}/SeO_3^{2-}(2e^-)$ +0.48
- $NO_3^-/N_2(5e^-)$ +0.74
- (pH 2) $Fe^{3+}/Fe^{2+}(1e^-)$ +0.76
- $1/2O_2/H_2O(2e^-)$ +0.82

図 5.2 代表的な酸化還元対の酸化還元電位($E_0'(\mathrm{v})$)．TMAO：トリメチルアミン-N-オキシド，TMA：トリメチルアミン，DMSO：ジメチルスルホキシド，DMS：ジメチル硫黄．

5.2 グルコースの異化代謝と好気呼吸

微生物に限らず，多くの生物ではグルコースの主要な分解経路として解糖系(Embden-

Meyerhof, エムデン・マイヤーホフ経路)を利用する(付録1)．この経路は呼吸，発酵(5.3, 5.4節)の両方に共通して機能する重要な代謝経路である．解糖系では1分子のグルコース(炭素数6)の1位と6位の水酸基がリン酸化されてフルクトース1,6-ビスリン酸を生成するまでの過程で，2分子のATPが消費される．フルクトース1,6-ビスリン酸は炭素数3のグリセルアルデヒド3-リン酸とジヒドロキシアセトンリン酸に開裂し，異性化と酸化により2分子のピルビン酸に変換されるが，この一連の反応において，1,3-ホスホグリセリン酸とホスホエノールピルビン酸の2種の高エネルギー中間体から基質レベルのリン酸化によって合計4分子のATPが生産される．したがって，差し引きで1分子のグルコースあたり2分子のATPが生産される((5.1)式)．一部の細菌では，グルコース6-リン酸が酸化・脱水された2-ケト-3-デオキシ-6-ホスホグルコン酸がピルビン酸とグリセルアルデヒド3-リン酸に開裂するEntner-Doudoroff(エントナー・ドゥドロフ)経路が機能している．

$$\text{グルコース}(C_6H_{12}O_6) \rightarrow 2\text{ ピルビン酸} + 2CO_2 + 2ATP + 2NADH \quad (5.1)$$

解糖系で生じたピルビン酸は，補酵素A(CoA-SH)（図5.1(c)参照）の結合を伴う酸化的脱炭酸を受けてアセチル-CoAに変換され，オキサロ酢酸と結合してクエン酸となり，トリカルボン酸回路(TCA回路，またはクエン酸回路)に入る(付録4)．回路が1回転するごとに炭素数6のクエン酸から2分子のCO_2が放出されて炭素数4のオキサロ酢酸が再生されるため，多数の代謝回転の後には，結果的にアセチルCoAに由来する2つの炭素が完全酸化されてCO_2に変換されることになる．(5.2)式に示すように，1分子のピルビン酸から1サイクルで1分子のGTP(あるいはATP)，4分子のNADH，1分子の$FADH_2$を生じる．TCA回路中の2-オキソグルタル酸やオキサロ酢酸は，種々のアミノ酸や細胞内成分の前駆体としても利用されるため，ホスホエノールピルビン酸からオキサロ酢酸を生成する経路など(補充経路)によって，回路に必要な中間体濃度が維持される．

$$\text{ピルビン酸} \rightarrow 3CO_2 + 4NADH + FADH_2 + GTP(ATP) \quad (5.2)$$

解糖系やTCA回路で生じたNADHや$FADH_2$の電子は，細胞膜に埋め込まれた電子伝達系により最終電子受容体である酸素に渡され，H_2Oとなる(酸素呼吸)（図5.3）．電子伝達系は酸化還元電位の異なるタンパク質あるいは物質から構成されており，電子は負の酸化還元電位の順に従って段階的に伝達される．典型的な細菌の電子伝達系は，フラボタンパク質・鉄-硫黄タンパク質・キノン・シトクロムbc_1・シトクロムc・シトクロムaa_3で構成され，フラボタンパク質・キノン・シトクロムaa_3の段階でプロトンが膜外に排出され，膜を介したプロトン濃度勾配(プロトン駆動力)が生じ

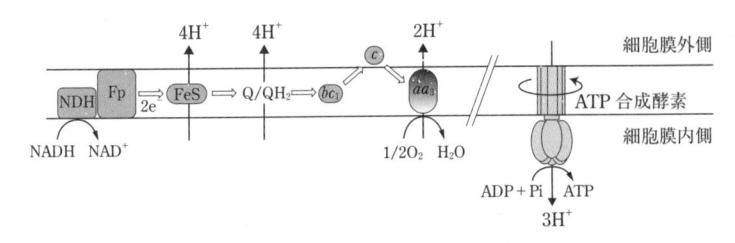

図 5.3 大腸菌の酸素呼吸における電子伝達系と酸化的リン酸化．NDH：NADH デヒドロゲナーゼ，Fp：フラボタンパク質，FeS：鉄–硫黄タンパク質，Q/QH$_2$：酸化型キノン/還元型キノン（Q サイクル），bc_1：シトクロム bc_1，c：シトクロム c，aa_3：シトクロム aa_3．

る．このように段階的に電子が移動することで，1 段階で移動するよりも多数のプロトンを排出し，より多くのエネルギーを保存することができる．同じく膜に埋め込まれた F 型 ATP 合成酵素は分子モーターであり，プロトンを逆流させて発生した回転が ATP 合成に共役している（酸化的リン酸化）．すなわち ATP 合成酵素は，膜を介したプロトン濃度勾配による膜電子ポテンシャルから機械エネルギーを経て，化学エネルギー（ATP）に変換する分子装置である．詳細な研究から，1 つのプロトンが ATP 合成酵素を通過することで，約 0.3 分子の ATP が合成されることが示されている．また電子伝達の阻害剤などを用いた実験により，電子伝達–酸化的リン酸化によって 1 分子の NADH から 3 分子の ATP が，FADH$_2$ から 2 分子の ATP が合成されると見積もられている．この場合，1 分子のグルコースから解糖系・TCA 回路を経たエネルギー収支は，(5.3) 式で示される．しかし，NADH および FADH$_2$ あたりの ATP 生成比率（P/O 比とよばれる）の測定はむずかしく，より小さい P/O 比も提唱されている．

$$\text{グルコース}(C_6H_{12}O_6) \rightarrow 6CO_2 + 10NADH + 2FADH_2 + 4ATP \rightarrow 6CO_2 + 38ATP \quad (5.3)$$

多くの生物が異なるグルコース代謝経路として有しているペントースリン酸回路（付録 2）は，生体分子の生合成に必要な NADPH，核酸合成の前駆体であるリボース 5-リン酸，芳香族アミノ酸合成の前駆体であるエリトロース 4-リン酸を供給する経路として重要である．このサイクルでは，グルコース 6-リン酸が 6-ホスホグルコン酸に酸化され，次いで酸化的脱炭酸により生じたリブロース 5-リン酸からリボース 5-リン酸，キシロース 5-リン酸の各種ペントースリン酸が生成し，その後，3〜7 炭糖リン酸の間での相互変換により最終的にグルコース 6-リン酸が再生する．全体として，6 分子のグルコース 6-リン酸から，5 分子のグルコース 6-リン酸と 6 分子の CO$_2$，6 分子の NADPH が生成する．この経路は，木質・草本系バイオマスの構成糖であるキシロースやアラビノースの代謝経路としても重要である．

5.3 嫌気呼吸

嫌気条件において，酸素の代わりに硝酸，硫酸，炭酸，金属酸化物，有機化合物などを最終電子受容体とし，電子伝達と共役したプロトン勾配の形成とその駆動力を利用する酸化的リン酸化によりATP合成を行うのが，嫌気呼吸である．この際の酸化的リン酸化に利用できる最大のエネルギー量は電子供与体と最終電子受容体に組合せに依存する(5.1節)が，多くの場合で酸素を最終電子受容体とした場合より酸化還元電位差が小さいために，生成できるATP量は少なくなる．したがって，同じ電子供与体(エネルギー源)を用いても嫌気呼吸では増殖は遅く，菌体収率も少ないことが多い．

5.3.1 硝酸呼吸

硝酸イオン(NO_3^-)を電子受容体とする電子伝達と共役してATPを生産する呼吸を硝酸呼吸という．硝酸イオンは段階的に亜硝酸イオン(NO_2^-)，一酸化窒素(NO)，一酸化二窒素(N_2O)，窒素(N_2)に還元される(異化型硝酸還元)．この中でNO, N_2O, N_2は気体であり，容易に大気中に散逸することから，これらを生じる過程を脱窒とよぶ．硝酸呼吸を行う細菌は多数知られており，大腸菌 *Escherichia coli* や *Paracoccus denitrificans*, *Pseudomonas stutzeri* において詳細に研究されている．*E. coli* では電子伝達系において好気呼吸の最終段階であるシトクロムオキシダーゼの代わりに硝酸還元酵素が機能することでNO_3^-を還元し，NO_2^-を生成する．この最終段階では，プロトンの排出が行われないために好気呼吸と比較してATP生産量は少なくなるが，これはNO_3^-/NO_2^-対の還元電位(+0.43 V)が$1/2O_2/H_2O$対(+0.82 V)より低いことに対応している．*P. denitrificans* や *P. stutzeri* では，さらに亜硝酸還元酵素，NO還元酵素，N_2O還元酵素を含む酵素群により，N_2にまで還元される脱窒が起こる(図5.4(a))．近年では，カビなどの真核生物においても脱窒が起こることが示されている．多くの生物は窒素化合物を窒素源として利用する一方で，N_2を窒素源とできる生物は限られているため，脱窒は農業目的においては不利益であるが，下水処理排水において藻類の繁殖に利用される窒素化合物の減量に有用である．

5.3.2 硫酸呼吸

Desulfovivrio 属や *Desulfobacterium* 属の細菌などは，硫酸イオン(SO_4^{2-})を電子受容体とした硫酸呼吸によってエネルギーを獲得することから，硫酸還元菌とよばれる．SO_4^{2-}イオンは硫黄の最も酸化された状態で安定であるために，まずATPを用いて活

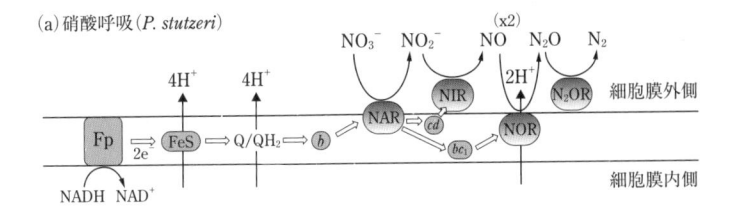

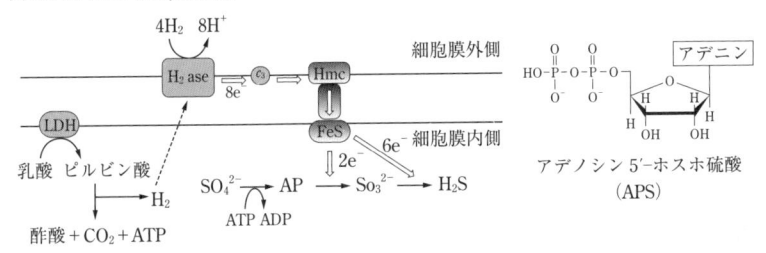

図 5.4 *P. stutzeri* の硝酸呼吸(a)，および *Desulfovibrio desulfuricans* の硫酸呼吸(b)における電子伝達系．Fp：フラボタンパク質，FeS：鉄-硫黄タンパク質，Q/QH$_2$：Q サイクル，NAR：硝酸還元酵素，cd：シトクロム cd，bc_1：シトクロム bc_1，NIR：亜硝酸還元酵素，NOR：NO 還元酵素，N$_2$OR：N$_2$O 還元酵素，LDH：乳酸デヒドロゲナーゼ，H$_2$ase：ヒドロゲナーゼ，Hmc：シトクロムを含む膜結合型タンパク質複合体．

性化される．この過程により AMP のリン酸基に硫酸基が結合したアデノシン 5′-ホスホ硫酸(APS)が形成され，次いで APS 還元酵素によって亜硫酸イオン(SO$_3^{2-}$)に還元されて AMP を放出する．SO$_3^{2-}$ イオンは，さらに亜硫酸還元酵素によって硫化水素(H$_2$S)にまで還元される．硫酸還元菌ではこれら 2 つの還元酵素は膜結合型で，電子伝達系と連結している．電子供与体(エネルギー源)である水素(H$_2$)はヒドロゲナーゼにより酸化されてプロトンと電子を生じ，この電子が細胞膜中の電子伝達タンパク質を経由して Hmc とよばれる膜タンパク質複合体に伝達される．Hmc は電子を細胞膜の反対側に運び，APS 還元酵素と亜硫酸還元酵素がこれを利用する．この過程で膜を介したプロトン勾配を生じ，ATP 合成酵素によって ATP が生産される(図 5.4(b))．SO$_4^{2-}$/H$_2$S 対の酸化還元電位(−0.22 V)は，好気呼吸や硝酸呼吸に比べてエネルギー的に不利であるため，硫酸還元菌の増殖は遅い．H$_2$ のほかに，乳酸やピルビン酸といった有機化合物も硫酸還元菌の電子供与体として利用されるが，この場合でも，乳酸やピルビン酸を酢酸に酸化する過程で生じた H$_2$ を呼吸に利用していると考えられている．

5.3.3 炭酸呼吸（メタン生成）

　有機廃棄物（生ごみなど）の微生物処理によるメタン生成も，化石資源に依存しない再生可能エネルギー生産の手段として着目されている．メタン生成は，CO_2を電子受容体とする電子伝達とプロトン駆動力を利用したATP合成を行う嫌気呼吸である．この微生物によるメタン生成は一般にメタン発酵とよばれるが，厳密な意味での発酵（基質レベルのリン酸化によるATP合成を行う代謝，5.4節）とは異なる．

　細胞が有するrRNA遺伝子などの塩基配列における変異履歴を統計的に処理することによって，生物の進化系統に関する情報が得られる．この分子系統解析の結果に基づいて，全生物を真核生物（eucarya），細菌（bacteria），アーキア（始原菌，古細菌ともいう，archaea）の3つのドメインに分類することが1990年に提唱され，現在では広く受け入れられている．細菌とアーキアはともに原核生物であり，細胞形態などは類似しているが，分子生物学的・生化学的には大きく異なっており，16S rRNAの塩基配列に基づく系統では，アーキアから真核生物が進化したことが推測されている．実際にDNA複製，転写，翻訳といった遺伝情報処理の機構は，アーキアと真核生物で共通点が多い．メタン生成菌はすべて絶対嫌気性アーキアであるが，その形態や生育温度が変化に富んだ微生物群で，多くはH_2を電子供与体とする化学合成独立栄養生物である．

　メタン生成の生化学では，他の代謝系ではみられない特有の補酵素群が使用される．メタノフラン，メタノプテリン，補酵素M(CoM)がC_1ユニットの運搬に関与し，補酵素F_{420}，補酵素B(CoB)，補酵素F_{430}がC_1ユニットの還元に必要な電子を供給する補酵素である（図5.5(b)）．フラビン環をもつ補酵素F_{420}によってメタン生成菌は青緑色の自己蛍光を発するため，蛍光顕微鏡で容易に観察できる．CO_2はまず，メタノフランを含む酵素により活性化され，還元型フェレドキシンの電子によってホルミル基（-CHO）へ還元される．ホルミル基はメタノプテリンに運搬され，脱水によりメテニル基へ，さらに還元型補酵素F_{420}の電子による2段階の還元によって，メチレン基（$-CH_2-$）を経てメチル基（$-CH_3$）に還元される．メチル基はCoMに運搬され，さらにメチル-CoM還元酵素の補酵素F_{430}に結合して$Ni^{2+}-CH_3$複合体を形成する．これはCoBの電子によって還元され，CH_4およびCoM-S-S-CoBジスルフィド複合体を形成する（図5.5(a)）．メタン生成菌は，H_2を電子供与体，CoM-S-S-CoBジスルフィド複合体を電子受容体とする電子伝達系を有している．H_2に由来する水素原子は，膜内で補酵素F_{420}および特有の電子伝達体であるメタノフェナジンを経由してシトクロムbに電子を渡す際に，プロトンを排出してプロトン勾配を形成する．シトクロムbはヘテロジスルフィド還元酵素に電子を供給し，最終的にCoM-S-S-CoBジス

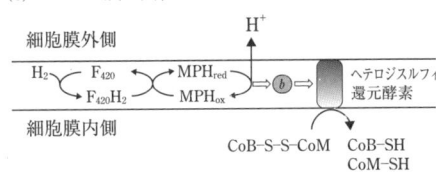

図5.5 メタン生成アーキアの炭酸呼吸におけるメタン生成経路(a)，補酵素M・補酵素Bの構造(b)，およびメタン生成と共役した電子伝達系(c)．MFR：メタノフラン，H_4MPT：テトラヒドロメタノプテリン，CoM：補酵素M，CoB：補酵素B，MPH：メタノフェナジン，b：シトクロムb．

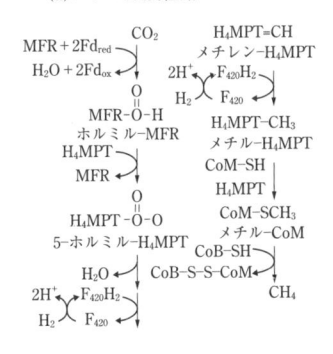

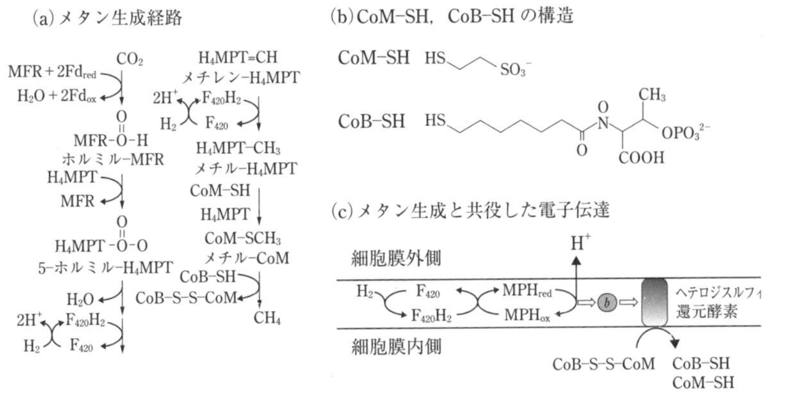

ルフィド複合体が還元されて，CoMとCoBを再生する．この電子伝達系において形成されたプロトン勾配を駆動力として，ATP合成酵素がATPを合成する（図5.5(c)）．

メタン生成菌の種によっては，メタノールや酢酸といった有機化合物からメタンを生成する．この際には，これら基質からメチル-CoMを生成しつつ，一部の基質をCO_2に酸化することでメチル-CoMを還元する電子を得ることができ，水素の供給を必要としない．メタン生成菌におけるCO_2からの細胞成分の生合成（同化代謝）は，アセチルCoA経路によって行われる．これは，2分子のCO_2が別々の経路によりメチル基およびカルボニル基にそれぞれ還元され，これらが結合してアセチルCoAを生成する経路で，ホモ酢酸生成菌が独立栄養的に増殖する際に利用する，エネルギー代謝とCO_2固定代謝を兼ねた経路である．メタン生成菌では，メタン生成代謝の中間体として供給されるメチル基を用いて，CO_2固定のためにこの経路を用いる．

5.3.4 金属イオンや無機化合物を電子受容体とする呼吸

非常に多様な細菌が，Mn^{4+}やFe^{3+}などの金属塩，ヒ酸（AsO_4^{3-}）やセレン酸（SeO_4^{2-}）などの無機化合物を電子受容体とした嫌気呼吸により増殖する．Fe^{3+}/Fe^{2+}対の酸化還元電位はpH 2で+0.76 Vであるが，生理的条件（pH 7）では+0.2 Vであり，多くの無機化合物や有機化合物の酸化と共役することができる．環境に流出した芳香族化合物などは，Fe^{3+}還元生物によって嫌気的に分解されると考えられている．またAsO_4^{3-}やSeO_4^{2-}は，毒性の高い汚染物質として環境中に存在することがあるが，これらは嫌気性細菌による還元で，不溶性の三硫化二ヒ素（As_2S_3）（硫酸還元との共代謝）や金

属セレン(Se)に変換される．このような嫌気代謝は，有毒化合物で汚染された土壌や水の生物学的除去修復(バイオレメディエーション)に利用することが期待されている．

また化合物ではないが，プロトン(H^+)を電子受容体とする非常に単純化された呼吸が，超好熱性アーキアにおいて近年見いだされている．*Thermococcus* 属，*Pyrococcus* 属超好熱性アーキアは絶対嫌気性従属栄養の超好熱菌であり，その多くはペプチド，アミノ酸をエネルギー源として硫黄を還元し，硫化水素(H_2S)を発生しながら増殖する．また，これらの中にはデンプンマルトースやピルビン酸といった有機化合物をエネルギー源としてプロトンを還元し，水素を発生するものが知られている．*Thermococcus* 属，*Pyrococcus* 属超好熱性アーキアには，通常の電子伝達系を構成するヘム(シトクロムに含まれる)やキノンが存在しないことから，呼吸ではなく次節の発酵によるエネルギー獲得を行っていると従来考えられていた．しかし近年の研究により，細胞膜に存在する膜結合型ヒドロゲナーゼは，有機化合物を酸化して生じた還元型フェレドキシンを用いて2分子のプロトンを1分子の水素に還元する際に，1分子のプロトンを細胞外に排出するプロトンポンプでもあることが示された．すなわち，水素発生と同時にプロトンを排出して膜を介したプロトン濃度勾配を形成する．これらの超好熱性アーキアは，A型とよばれるATP合成酵素を有しており，このプロトン勾配の解消と共役したATP合成が可能である(図5.6)．これは非常に単純化された呼吸系といえる．超好熱性アーキアは，分子進化系統学上で根に近い系統枝に位置することから，このような単純な呼吸系は，種々の生物が有する多様な呼吸代謝系の原型である可能性も提唱されている．また水素はクリーンな次世代エネルギーであり，化石資源に依存しない水素生産法としてバイオマスを原料とする生物的水素生産の可能性が着目されているが，*Thermococcus* 属，*Pyrococcus* 属超好熱性アーキアは，常温嫌気性の水素発酵細菌と比較しても十分な水素生産能を示すことから，生物的水素生産への応用も検討されている．

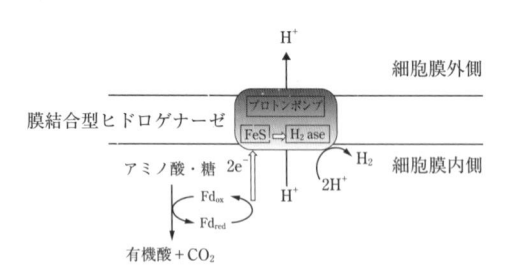

図 5.6 超好熱性アーキアのプロトン呼吸における電子伝達系．FeS：鉄-硫黄タンパク質，H_2ase：ヒドロゲナーゼ，Fd_{OX}：酸化型フェレドキシン，Fd_{red}：還元型フェレドキシン．

5.3.5 有機化合物を電子受容体とする呼吸

TCA 回路の中間体であるフマル酸からコハク酸への還元は，NADH または H_2 の酸化と共役できる．フマル酸を電子受容体とする嫌気呼吸は *Wolinella siccinogens* でよく研究されているが，*E. coli* や *Clostridium* 属など多くの細菌がこの呼吸系を有している．トリメチルアミン–*N*–オキシド（TMAO）は，海洋魚類における過剰窒素の排出と浸透圧調節に機能する物質であるが，さまざまな細菌は TMAO を電子受容体としてトリメチルアミン（TMA）を生成する嫌気呼吸を行うことができる．腐敗した魚から発生する臭気の一部は，細菌によって生成した TMA である．また，地球の硫黄循環の中間体であるジメチルスルホキシド（DMSO）を電子受容体としてジメチル硫黄（DMS）を生成する嫌気呼吸も，さまざまな細菌が有している．フマル酸／コハク酸対，TMAO/TMA 対，DMSO/DMS 対の酸化還元電位は $+0.03 \sim +0.16\,\mathrm{V}$ であるために，得られるエネルギーはあまり多くないが，これらの電子受容体は自然界に多量に存在するので，生態系では重要な代謝といえる．

トリクロロエチレンやテトラクロロエチレンは，不燃性で脱脂洗浄力にすぐれることから，かつて半導体産業やドライクリーニングなどにおいて広範囲に利用された溶剤である．しかしこれらの有機塩化合物は有害物質であることが判明し，現在ではその使用は中止されているが，難分解性であるために過去に使用されたものが土壌や地下水を汚染していることがある．その除去修復としてバイオレメディエーションが期待されているが，そこで注目されているのが嫌気性細菌における脱ハロゲン化呼吸である．この嫌気呼吸では，ハロゲン化有機化合物の炭素–ハロゲン結合が還元的に切断され，ハライドイオンが遊離する．直接の電子供与体となるのは H_2 であるが，これらの細菌では有機酸などから H_2 を生産することが多く，この H_2 を用いて脱ハロゲン化が進行する．ハロゲン置換基の数が少なくなると脱塩素反応速度が小さくなるため，トリクロロエチレンの脱塩素化で反応が停止して，*cis*-1,2-ジクロロエチレンが蓄積する場合がある．*Dehalococcoides* 属細菌は，*cis*-ジクロロエチレンからさらにエチレンにまで脱ハロゲン化できることが知られている．

5.4 発　　　酵

発酵とは，広義では微生物による有機物の分解，あるいは微生物による有用物質生産を指すが，狭義では微生物による有機物の嫌気的部分分解によるエネルギー生産のことをいう．好気呼吸あるいは嫌気呼吸が可能な条件（5.2，5.3 節）では，グルコースなどの基質の分解により生じた還元型補酵素（NADH, $FADH_2$）は電子伝達系により酸

化型に再生され，その過程で形成されたプロトン勾配を駆動力とする酸化的リン酸化により，ATPを生産できる．一方，電子伝達-酸化的リン酸化の機構をもたない微生物，あるいはこれらの機構をもつ微生物でも適切な電子受容体がない条件では，呼吸によるATP生産と酸化型補酵素の再生ができない．この場合，細胞は解糖系で基質レベルのリン酸化で生成したATPのみが利用できるが，この際の低いATP収率で生命を維持し増殖するためには，多量の基質を代謝して必要量のATPを生産しなければならない．細胞内では酸化還元補酵素は限られた量しか存在しないため，代謝を進行させるには，最初の基質から生じる有機物質の還元と共役させて酸化型補酵素を再生する．このエネルギー獲得代謝を発酵といい，外部から供給される電子受容体を必要としない．

5.4.1 乳酸発酵とエタノール発酵

　解糖系を経由する発酵の代表が，乳酸発酵とエタノール発酵である．*Lactobacillus*属などの乳酸菌は，解糖系で生じたピルビン酸を乳酸デヒドロゲナーゼにより還元することで乳酸を生成し，この際NADHをNAD$^+$に再生する（図5.7(a)）．エタノール発酵は*Saccharomyces cerevisiae*などの酵母で行われ，ピルビン酸からピルビン酸脱炭酸酵素により生じたアセトアルデヒドが，アルコールデヒドロゲナーゼにより還元されてエタノールが生じ，この際にNADHがNAD$^+$に再生される（図5.7(b)）．これらの発酵では，解糖系におけるグリセルアルデヒド3-リン酸から1,3-ビスホスホグリセリン酸への酸化反応と対をなして，ピルビン酸あるいはアセトアルデヒドが還元

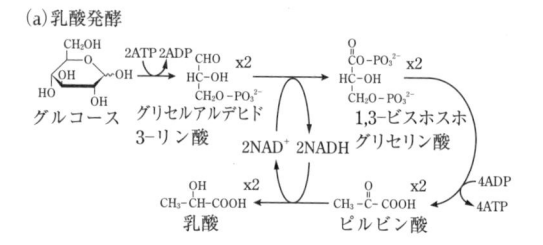

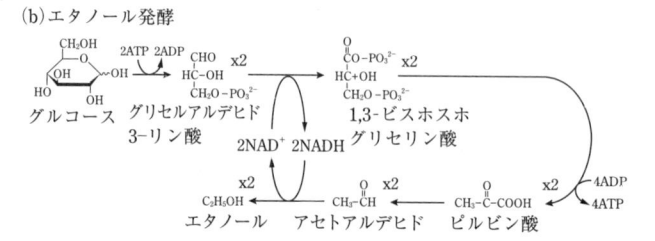

図5.7　乳酸発酵(a)，およびエタノール発酵(b)におけるNAD$^+$の再生．

されることで，全体の酸化還元バランスが保たれる．*Zymomonas* 属細菌も効率的エタノール発酵菌として知られているが，この細菌は Entner-Doudoroff 経路を経由するエタノール発酵を行う．この発酵形式では，アセトアルデヒドの還元反応は 6-ホスホグルコン酸およびグリセルアルデヒド 3-リン酸の酸化反応と対をなしている．乳酸発酵もエタノール発酵も古くから人類が利用してきた微生物反応であるが，近年では，バイオプラスチックであるポリ乳酸の原料となる乳酸の生産や，バイオ燃料としてのエタノールの生産において，重要性が再認識されている．

5.4.2 アセトン・ブタノール・エタノール発酵

絶対嫌気性の *Clostridium* 属細菌の多くは，酪酸発酵あるいはアセトン・ブタノール・エタノール発酵(ABE 発酵)を行う．これらの発酵では，ピルビン酸から生じたアセチル CoA が二量化してアセトアセチル CoA に変換され，さらに還元されてブチリル CoA が生じる過程で，NADH が NAD^+ に再生される．ブチリル CoA やアセチル CoA などの高エネルギーのチオエステル結合は，その分解による酪酸や酢酸の生成と共役して ATP 合成が可能であり，付加的な ATP 生産として重要である．増殖中はこの酪酸・酢酸をおもな発酵産物とするが，定常期に至ると代謝転換が起こり，それまでに排出した酢酸および酪酸を取り込み，アセトアセチル CoA からの CoA 転移によって，それぞれアセチル CoA およびブチリル CoA に再変換する．生じたアセチル CoA とブチリル CoA はエタノールおよび 1-ブタノールに還元され，最終生成物として排出される．CoA 転移反応により生じたアセト酢酸は，脱炭酸の後に還元されてアセトンを生じる(図 5.8)．ABE 発酵は，航空燃料としての 1-ブタノールを生産するために 1930 年代前半から工業化が開始されたが，その生産効率は低く，第二次大戦後は石油化学工業の発展により衰退した．しかし，近年の脱石油をめざしたバイオ燃料の生産手段として再び注目され，世界各国で活発な研究が進められている．

5.4.3 発酵の多様性

微生物は糖類に限らず，さまざまな物質を基質とした多様な発酵形式が知られている．*Clostridium* 属の一部の細菌は，アミノ酸を基質として有機酸(酢酸，酪酸)，CO_2，水素を産生する発酵を行うが，この際にはアミノ酸の酸化と還元が独立した経路で共役して進行する(スティックランド反応)．*Propionigenium modestum* や *Oxalobacter formigenes* では，コハク酸やシュウ酸といったジカルボン酸の脱炭酸に共役して膜を介した Na^+ イオン濃度勾配やプロトン濃度勾配を形成し，ATP 合成酵素による ATP 生産を行う．これらは呼吸による ATP 生産と類似しているが，外部の電子受容体を必要としない点では発酵であり，基質レベルのリン酸化による ATP 生産に依

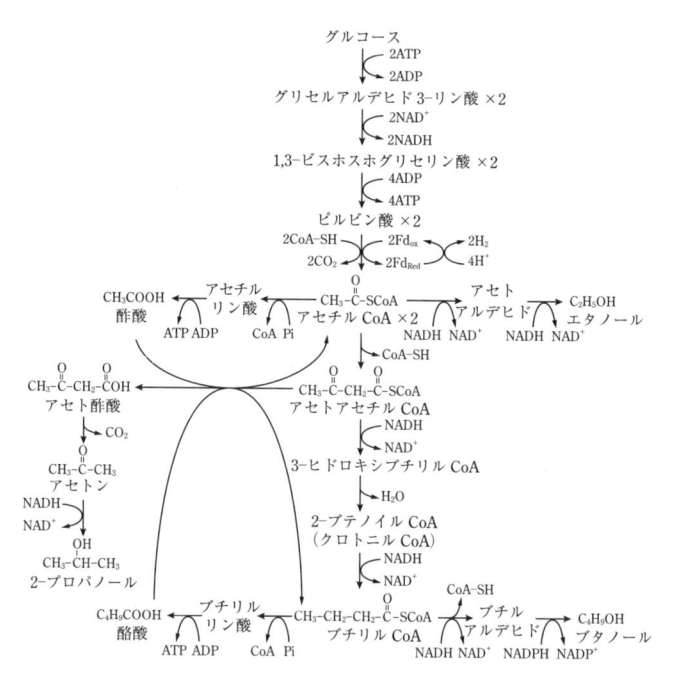

図 5.8 *Clostridium* 属細菌によるアセトン・ブタノール・エタノール発酵.

存しない特異な発酵といえる.

5.5 電子供与体の多様性

　化学合成微生物には，エネルギー基質(電子供与体)として還元性無機化合物を利用するものがおり，そのほとんどは，無機化合物の酸化と電子伝達系，酸化的リン酸化で得られた電子とエネルギーを用いて CO_2 を還元固定することで，独立栄養的に増殖できる．このことから，化学合成独立栄養微生物を無機栄養微生物とよぶこともある．これらの微生物の多くは O_2 を最終電子受容体とする好気性生物であるが，嫌気的な硝酸呼吸を用いて増殖するものもいる．

　水素を電子供与体として好気的に増殖する細菌を，水素細菌とよぶ．ほとんどすべての水素細菌は通性無機栄養微生物であり，有機化合物をエネルギー源とする従属栄養的な増殖もできる．還元型無機窒素化合物を電子供与体とする細菌を，硝化細菌と称する．アンモニアを硝酸にまで完全に酸化できる無機栄養微生物は知られておらず，アンモニアを亜硝酸にまで酸化する細菌と，亜硝酸を硝酸に酸化する細菌に区分される．排水中のアンモニア除去には，硝化細菌によりアンモニアを硝酸に酸化する好気

的処理と，異化型硝酸還元菌により硝酸を窒素に還元する嫌気的処理を組み合わせることによって行われる(11章参照).

硫化水素(H_2S)，元素硫黄(S^0)，チオ硫酸($S_2O_3^{2-}$)といった還元型硫黄化合物，二価鉄(Fe^{2+})を電子供与体とする細菌を，それぞれ硫黄酸化細菌，鉄酸化細菌とよぶ．これらは地球の硫黄および鉄の循環に重要な役割を果たしている．*Acidithiobacillus ferrooxidans* は，硫黄細菌であると同時に鉄酸化細菌でもある好酸性菌であり，一価銅(Cu^+)を二価銅(Cu^{2+})に酸化することでもエネルギーを獲得できる．この機能は細菌を利用する銅鉱石の精練(バイオリーチング)に利用されている．

6 微生物の代謝制御

　微生物は，一般に高等動物や植物の細胞と比べて増殖が速く，また簡単な組成の培養液で増殖できることから，さまざまな物質の生産に用いられている．たとえば大腸菌は，最適な培養条件で培養すると20分に1回分裂し増殖する．仮に細胞1匹の重さが1兆分の1グラム（$1×10^{-12}$ g）であるとすると，2日後には地球の重量（$5.974×10^{24}$ kg）の約4,000倍にもなってしまう計算になることからも，その代謝活性の高さが理解できるだろう．

　人類は古来より微生物を利用する物質の生産，いわゆる発酵を生活に利用してきた．日本酒，ワイン，ビールなどにおけるアルコール発酵をはじめとして，ヨーグルトなどの乳酸発酵，酢などの酢酸発酵などがこれにあたる．これらは，微生物本来のもつ能力を有効利用したものである．このような発酵において，アルコール，乳酸，酢酸などの生産物は，いずれも微生物の生理的な代謝活動の結果として蓄積した不要物である．たとえばアルコール発酵とは，解糖系（付録1）でグルコースをピルビン酸にまで酸化分解する過程でNAD^+が消費されてNADHが蓄積するが，ピルビン酸をエタノールに還元する反応と共役させて嫌気的にNAD^+を再生する反応である．つまり，微生物の生理活動によって生じる老廃物を，人類が利用するという形式である．

　それに対して現在では，微生物が増殖し，細胞を構成するのに必須な成分を，微生物に生産させるということが盛んに行なわれている．たとえば，グルタミン酸やリジン，トレオニンのようなアミノ酸や，イノシン酸やグアニル酸といった核酸を微生物に生産させるのである．このような生存に必須な代謝産物の生産は，本来の"発酵"には含まれないが，微生物を使って生産するという意味で"広義の発酵"とよばれている．たとえば微生物を使うアミノ酸や核酸の生産を，それぞれアミノ酸発酵，核酸発酵とよぶ．本来，微生物はこのような代謝産物を過剰に合成し，菌体外に排出することはないので，これを行うためには，微生物のもつ代謝経路を人為的に改変して，目的の産物を作らせることになる．このような微生物の改変を育種とよんでいる．生産菌の

育種は，基本的に次のような段階を含んでいる．1) 自然界から目的の産物を生産する能力のある株を探索する，2) 突然変異により高生産性の菌株を選抜する，3) 遺伝子組換え操作により生産性を向上させる，4) 培養条件の最適化により生産性を向上させる．微生物の育種のための戦略の基盤となるのが代謝工学である．ここでは，アミノ酸発酵を例に生産菌の育種戦略を概説する．

6.1 アミノ酸発酵の歴史

6.1.1 うま味の発見

長い間，すべての味は甘味，塩味，酸味，苦味の4つの基本味によって構成されていると考えられてきたが，1908年池田菊苗は，昆布だしのうま味成分がグルタミン酸塩であることを発見し，第五の基本味として"うま味"を提唱した．うま味が基本味であることは，国際的にはなかなか受け入れられなかった．英語論文を書くにあたっても，うま味調味料を表す適当な英訳語がないために，flavor enhancer（風味増強剤）という語句がよく用いられるのはその名残であろう．一説によると，米国特許を取得するにあたって，担当官がグルタミン酸ナトリウムの溶液をなめてもうま味を感じることができなかったために，単独では味がないが食品に添加すると風味を増強する物質として分類されたという．しかしながら，グルタミン酸をリガンドとする味覚レセプターが発見されるに至って，現在では，うま味の基本味としての地位は確固たるものとなっている．近年では，英語でも"うま味"の訳語として"umami"が通用するようになってきている．

6.1.2 グルタミン酸生産法の変遷

池田菊苗は1908年に，抽出法によるグルタミン酸ナトリウムの製造法を特許出願し，翌年には，当時昆布からヨードを抽出して製薬業を営んでいた鈴木三郎助によって事業化されている．抽出法とは，小麦グルテンや大豆粕を濃塩酸で加水分解し，そこから遊離のグルタミン酸を単離する方法である（図6.1）．この方法では，原料をおもに輸入に頼っていたために価格や供給が不安定であり，また副産物として出る大量のデンプンや強酸の処理などの問題があった．そこで1950年代には，抽出法に替わる新しい製造法が模索された．当時，有力な方法の1つと考えられたのは，すでに研究されていた発酵法によって生産した α-ケトグルタル酸（2-オキソグルタル酸）を還元的アミノ化することにより DL-グルタミン酸を合成し，光学分割により L-グルタミン酸を得る方法である．もう1つは，化学合成による DL-グルタミン酸の合成と光

図 6.1 抽出法によるグルタミン酸の製造風景. 味の素(株)提供.

学分割である. このような状況のときに, 協和発酵工業(株)(当時)において 1956 年にグルタミン酸の直接発酵法が発明され, 1960 年には実用化された. 大量生産するには原料の安定供給や設備の面で発酵法に優位性があったことから, 合成法によるグルタミン酸の製造は 1972 年には終了し, 直接発酵法へととって代わられた.

6.1.3 グルタミン酸生産菌の発見

1956 年に協和発酵工業(株)の鵜高重三らにより, グルタミン酸を培地中に直接生産する菌として *Corynebacterium glutamicum*(当初は *Micrococcus glutamicus* と命名された)が分離された. *C. glutamicum* は非胞子形成性の高 G+C 含量グラム陽性細菌で, 非対称の桿菌形態をしている. この菌はスナッピング分裂とよばれる特徴的な細胞分裂を行うことでも知られており, 分裂後の娘細胞対が V 字型をとるのがその特徴である(図 6.2). 鵜高らは, 画期的なグルタミン酸生産菌のスクリーニング系を構築し, たった 1 回のスクリーニングで, 約 500 株の試験菌の中から目的とする株を見いだしたとされている. 彼らの用いたスクリーニング系は, グルタミン酸要求性の乳酸菌を用いたバイオアッセイであった. 糖と N 源を加えた合成寒天培地上に試験菌を接種し, コロニーを形成させたのち, UV 照射によりこれを殺菌する. そこに, グルタミン酸要求性の乳酸菌を重層して培養すると, グルタミン酸を生産したコロニーの周りに乳酸菌の生育が認められるというものである. このアッセイは, 簡便性や感度などの点で非常にすぐれたものであるが, 栄養要求株を用いるバイオアッセイのため, 合成培地で試験菌の培養を行う必要があった. これが, 期せずして *C. glutamicum* のグルタミン酸生産条件であるビオチン制限を引き起こしていた(6.2 節参照). この発見によりグルタミン酸の発酵生産が可能となり, その後のアミノ酸発酵産業の隆盛を迎

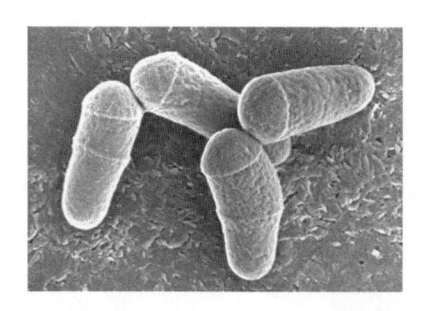

図 6.2 *Corynebacterium glutamicum* の走査電子顕微鏡像.

えることとなる.

6.1.4 グルタミン酸発酵工業の現状

現在では,年間 210 万トン(2009 年推計)ものグルタミン酸ナトリウムが,この菌を使った発酵法によって生産されており,その需要は年 3〜5% ずつ増大している.グルタミン酸発酵は世界中で行われているが,その生産拠点は,廃糖蜜やタピオカデンプンなどの主原料が豊富なタイ,ベトナム,インドネシアなどの東南アジア地域に集中している.発酵生産は *C. glutamicum* やその近縁種を用いて,アンモニアや尿素により pH を中性に保って行われる.中性でのグルタミン酸の溶解度は非常に高いため,培養液に塩酸や硫酸などの強酸を加えて pH を低下させ,結晶を析出させる.得られた粗結晶は,水酸化ナトリウムや炭酸ナトリウムで中和し,晶析によって精製しグルタミン酸ナトリウムを得るのが一般的である.

1980 年代より,*C. glutamicum* においても組換え DNA 技術が開発され,糖の取込みから L-グルタミン酸の生合成に至る代謝系の改善などの基盤研究や分析技術として活発に導入され,すぐれた生産菌の構築のための有益な情報を提供してきた.さらに 2002 年ごろから,*C. glutamicum* のゲノム解析結果がいくつかの研究グループから発表され,グルタミン酸発酵菌においても,各種のオミクス技術を用いる網羅的な研究が展開できようになってきている.

6.2 グルタミン酸の発酵機構

6.2.1 これまでの背景

当初,*C. glutamicum* は他の菌と比べて桁違いに多量のグルタミン酸を生産するため,特殊な生合成経路を有しているのではないかと考えられたが,その後の研究によ

6.2 グルタミン酸の発酵機構

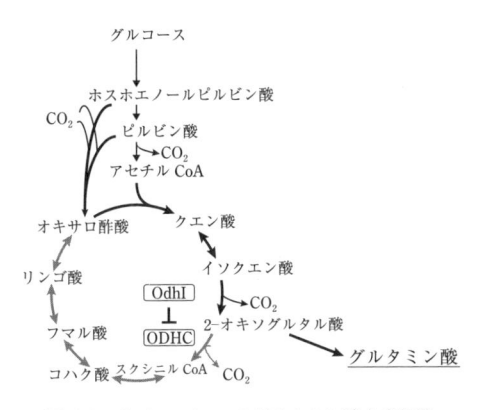

図 6.3 *C. glutamicum* のグルタミン酸合成経路

り，解糖系，TCA 回路を経由する通常の生合成経路によりグルタミン酸が合成されていることが明らかになった（図 6.3）．そこで注目されたのが，この菌がグルタミン酸を生産するための特殊な培養条件であった．*C. glutamicum* は，ビオチンが充足した培養条件下ではグルタミン酸を全く細胞外に分泌しないが，ビオチンが制限された条件で生育が抑制されるとグルタミン酸を生産するという特徴を示す．ビオチンは，アセチル CoA カルボキシラーゼの補酵素であり，その制限は脂肪酸合成に影響を及ぼすと考えられる．また，ビオチンが十分に存在する条件下では，脂肪酸エステル系の界面活性剤の添加やペニシリンの添加が，グルタミン酸の生産を誘導することができる．そしてこれらの誘導処理は，いずれも細胞の表層構造に影響を与えると推測されたことから，当初は，誘導処理により細胞膜の透過性が上昇し，L-グルタミン酸が脂質二重層から漏出すると考えられていた（グルタミン酸生成の漏出モデル）．しかし，細胞外に漏出するアミノ酸はグルタミン酸に限られていること，グルタミン酸生成時の細胞内グルタミン酸濃度は，培地中のそれよりも低いことなどが相次いで報告され，細胞膜からグルタミン酸が漏出するのでなく，特異的な排出担体が関与していると考えられるようになった．しかし排出担体の実態は，*C. glutamicum* のゲノム配列が決定されたあとも不明のままであった．

グルタミン酸は，TCA 回路の代謝物である 2-オキソグルタル酸を還元的アミノ化することにより，生合成される．したがって 2-オキソグルタル酸を脱炭酸し，スクシニル CoA を生成する 2-オキソグルタル酸脱水素酵素複合体（ODHC）は，グルタミン酸生成のための分岐点となっている．ビオチン制限，ペニシリン添加，Tween40 添加により誘導されたグルタミン酸生成時には，ODHC 活性が通常増殖時の約 1/3 に低下していることが示されている．また，ODHC のサブユニットをコードする

odhA 遺伝子の破壊株が，ビオチン十分量存在下でも対糖収率 50％以上の高収率でグルタミン酸を生産できることが報告された．これらの結果から，グルタミン酸生成の誘導処理によって誘起される ODHC 活性の低下こそが，グルタミン酸生成の本質であると考えられるようになった（図 6.3）．ODHC の阻害タンパク質 OdhI の発見も，この考えを支持していた．

6.2.2 NCgl1221 機械刺激感受性チャンネルの発見

しかしながら，*odhA* 欠損変異株でも L-グルタミン酸を過剰生産しない株が高頻度で存在することから，ODHC 活性の低下が L-グルタミン酸生産の十分条件ではなく，L-グルタミン酸生産能の高い *odhA* 変異株は未知変異をもつ二重変異株であるのではないかと考えられた．そこで，顕著なグルタミン酸生産能を示す *odhA* 変異株の有すると思われる未知変異の同定が進められ，機械刺激感受性 (mechanosensitive) イオンチャンネルのホモログをコードする遺伝子 NCgl1221 が見いだされた．変異株では NCgl1221 の C 末端側に挿入配列 (IS) が挿入されていた (V419::IS1207 変異，図 6.4)．他の L-グルタミン酸高生産性の *odhA* 変異株についても解析したところ，予想どおりそれらの株の NCgl1221 遺伝子の領域に A111V 変異，A111T 変異，W15CSLW 変異，P424L 変異が見いだされた．

機械刺激感受性イオンチャンネルは，微生物の周りの環境が高浸透圧から低浸透圧の状態へと急激に変化した際に，流入する水分による細胞の破裂を防ぐため，いち早く細胞内の適合溶質を放出する役割を担っている．そのチャンネルの開閉は，細胞膜

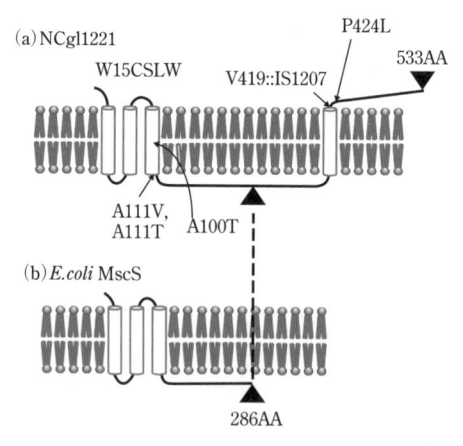

図 6.4 NCgl1221 と大腸菌の機械刺激感受性チャンネル MscS の膜トポロジーの比較と，グルタミン酸生産を誘導する変異．(a) NCgl1221 の膜貫通領域のトポロジーを PHDhtm で予測した．矢印は変異が見いだされた部位を示す．(b) 大腸菌 MscS の膜トポロジー．

の張力により制御される．*C. glutamicum* の NCgl1221 遺伝子は 533 アミノ酸のタンパク質をコードしており，既知の機械刺激感受性チャンネルと相同性が認められるのは，N 末端側の約 300 アミノ酸である．C 末側の約 200 アミノ酸は，*Corynebacterium* 属細菌の一部にのみに保存されているが，その機能はまだ不明である．

NCgl1221 遺伝子を欠損した *C. glutamicum* 株は，栄養培地での増殖速度は野生株とほぼ同等であったが，種々の L-グルタミン酸生成の誘導条件でグルタミン酸の生産を誘導すると，糖の消費が低下しグルタミン酸の生産も著しく抑制された．このときの細胞内 L-グルタミン酸濃度を測定したところ，野生株のものに比べ約 10 倍の値を示した．以上のことから，NCgl1221 遺伝子産物はグルタミン酸の排出輸送担体そのものであることが強く示唆された．NCgl1221 のある種の変異は，細胞内 L-グルタミン酸の菌体外への排出輸送を恒常的に行う変異であると考えられる．その後，細菌細胞にパッチクランプ法を適用した電気生理学的な解析から，NCgl1221 は，確かに機械刺激感受性チャンネルであることが証明された．

これまでの知見を総合すると，*C. glutamicum* における L-グルタミン酸生成機構は，次のように考えられる（図 6.5）．まず，1) L-グルタミン酸過剰生産の誘導処理はいずれも細胞表層に影響を及ぼす．2) NCgl1221 は，L-グルタミン酸生産の各種誘導処理により引き起こされる細胞膜の張力変化を感知してチャンネルを開き，3) L-グルタミン酸の細胞外への排出輸送を触媒する．ある種の変異型 NCgl1221 はタンパク質の構造が変化しており，常にチャンネルが開いているアクティブ変異型であると推定される．かつての漏出仮説では，各種誘導処理により引き起こされる細胞膜の脂肪酸組成の変化などが注目されたが，実は，それらは細胞膜の張力変化という物理的シグナルを介して NCgl1221 の構造変化を誘発し，L-グルタミン酸という溶質を菌体外へ輸送

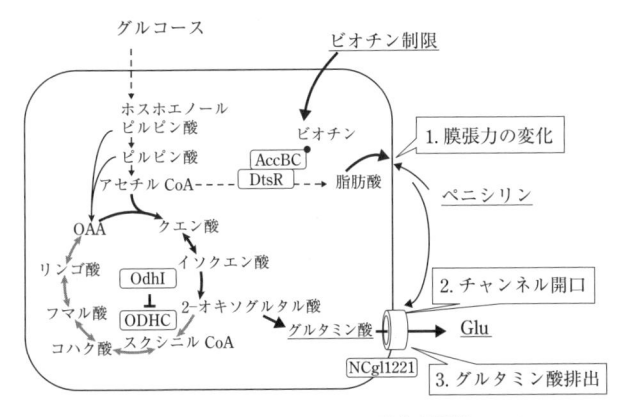

図 6.5 *C. glutamicum* のグルタミン酸生産誘導のモデル．

して，結果的に過剰生産を誘導していたのである．

C. glutamicum によるグルタミン酸生産では，条件がよければ 150 gL^{-1} 程度のグルタミン酸を培地中に蓄積することが可能であり，細胞内よりも細胞外のグルタミン酸濃度が高くなると考えられている．しかし，NCgl1221 は機械刺激感受性チャンネルであり，濃度勾配に逆らって能動的な排出を触媒するようなドメインは見いだされていない．今後，この矛盾をどう説明するのかが課題となっている．

6.3 アミノ酸生産菌の育種

6.3.1 育種の基本戦略

グルタミン酸生産菌 *C. glutamicum* の発見が，その後の工業的アミノ酸発酵のめざましい発展の契機となった．しかし，培養条件の設定のみで野生株でもグルタミン酸を生産する *C. glutamicum* は，きわめて特殊な例である．微生物は，基本的には必要なものを必要な量だけしか合成しないため，我々が欲しい物質を選択的に大量に生産させるためには，微生物のもつ代謝経路を人為的に改変する必要がある．グルタミン酸以外の多くのアミノ酸は，そのような代謝改変を経てはじめて培地中に生産されるようになる．そのような生産菌の育種の基本戦略を次に述べる．

図 6.6 に代謝経路の模式図を示す．出発物質 A は，何段階かの酵素反応を経て目的物質 D へと合成される．一般に，合成経路の途中で別の物質 E への合成経路が分岐していることが多い．また目的物質 D は，さらなる代謝を受け，F へと変換(分解)される．A から D への合成経路において，最も反応速度が遅い酵素反応が律速反応となる．多くの場合，初発反応が律速反応であることが多い．また最終産物である D により，初発反応はフィードバック制御(feedback control)を受けていることが多い．フィードバック制御には，D による酵素活性のアロステリックな阻害による制御と，リプレッサーなどの転写因子を介した酵素の発現制御の場合がある．

このような代謝経路において，物質 D を大量に生産する菌株の育種の基本的な戦

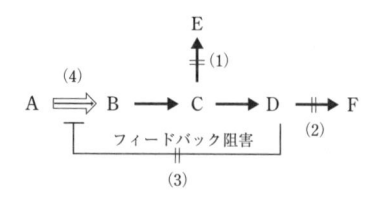

図 6.6 生産菌育種の基本戦略．

略は次のようになる．1) 分岐経路の遮断，2) 分解経路の遮断，3) フィードバック制御の解除，4) 律速反応の強化．これらの各段階の操作について，トレオニン生産菌の育種を例に次項で解説する．

6.3.2 トレオニン生産菌の育種

大腸菌ではトレオニンは，アスパラギン酸から5段階の酵素反応を経て合成される．中間体のアスパラギン酸4-セミアルデヒドとホモセリンから，それぞれリジン，メチオニンの合成経路が分岐している．またトレオニンは，イソロイシン合成の前駆体となっている．初発反応を触媒するアスパラギン酸キナーゼが律速反応であり，その活性はトレオニンによってフィードバック制御を受けている（実際には，リジンやメチオニンからのフィードバック制御も受けているが，説明の簡略化のためここでは省略）．トレオニン合成の一連の酵素は，*thrABC* オペロンと *asd* 遺伝子にコードされている．このようなトレオニン合成系をもつ大腸菌から，トレオニン生産菌を育種する手法を概説する（図6.7）．

1) まず分岐経路を遮断する．この場合，分岐経路で合成される物質もアミノ酸であるため，その経路を遮断するとアミノ酸要求性が生じる．そこで，変異処理を施した大腸菌のコロニーを，当該アミノ酸を含む最少栄養培地と含まない最少栄養培地に移して，アミノ酸要求性変異株を分離する．このようにして，メチオニンおよびリジン要求性変異株を得る．ここで注意しなければならないことは，リジン合成経路の中間体には，細胞壁ペプチドグリカンの前駆体であるジアミノピメリン酸があることである．ジアミノピメリン酸は菌の増殖に必須であるため，その合成を遮断することはできない．したがって，リジン要求性変異株として分離されてくるのは，ジアミノピメ

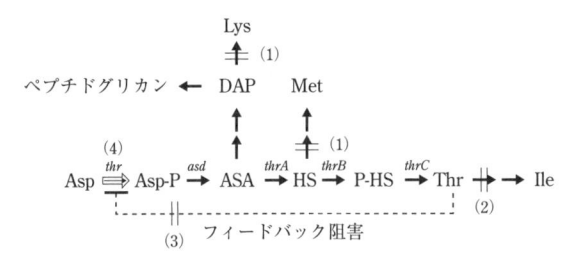

図6.7 トレオニン生産菌の育種戦略．Asp：アスパラギン酸，Asp-P：4-アスパルチルリン酸，ASA：アスパラギン酸4-セミアルデヒド，HS：ホモセリン，P-HS：*O*-ホスホホモセリン，Thr：トレオニン，Ile：イソロイシン，Lys：リジン，Met：メチオニン，DAP：*meso*-2,6-ジアミノピメリン酸，*thrA*：アスパラギン酸キナーゼとホモセリンデヒドロゲナーゼ遺伝子，*thrB*：ホモセリンキナーゼ遺伝子，*thrC*：トレオニンシンターゼ遺伝子，*asd*：アスパラギン酸セミアルデヒドデヒドロゲナーゼ遺伝子．

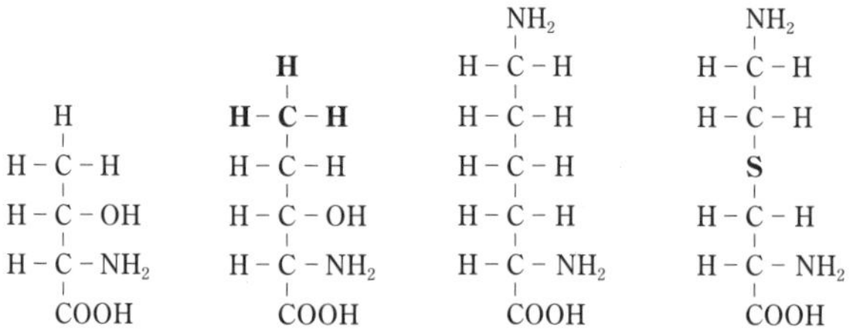

```
                    H           NH₂          NH₂
        H         H-C-H        H-C-H        H-C-H
        |          |            |            |
      H-C-H      H-C-H        H-C-H        H-C-H
        |          |            |            S
      H-C-OH     H-C-OH        H-C-H        H-C-H
        |          |            |            |
      H-C-NH₂    H-C-NH₂      H-C-NH₂      H-C-NH₂
        |          |            |            |
       COOH      COOH          COOH         COOH

        Thr        AHV          Lys          AEC
```

図 6.8　トレオニン，リジンとその非代謝性アナログ．Thr：トレオニン，Lys：リジン，AHV：2-アミノ-3-ヒドロキシ吉草酸，AEC：S-(2-アミノエチル)システイン．

リン酸より下流の経路が遮断されたものとなる．

2) 次に分解経路を遮断する．この場合，トレオニンから合成されるイソロイシンもアミノ酸であるため，1)と同様な方法でイソロイシン要求性変異株を分離する．

3) 続いて，アスパラギン酸キナーゼへのトレオニンによるフィードバック阻害を解除する．これには，トレオニンの非代謝性アナログである 2-アミノ-3-ヒドロキシ吉草酸(2-amino-3-hydroxyvaleric acid, AHV)を用いる(図 6.8)．AHV は，トレオニンと同様に，アスパラギン酸キナーゼのエフェクター(トレオニン)結合部位に結合してその活性を阻害するが，大腸菌はこれを代謝することができないので，阻害が継続的にかかって菌の生育が阻害される．そこで，AHV 耐性変異株を分離すると，トレオニンによるフィードバック阻害に対して，脱感作されたアスパラギン酸キナーゼを有した株が分離できる．

4) 次に律速反応を強化するために，AHV 耐性変異株から thrABC オペロンをプラスミドにクローン化する．ここで注意することは，トレオニンによるフィードバック阻害を回避するために，野生型の thrABC オペロンではなく AHV 耐性の thrABC オペロンをクローン化することである．

5) 1)から 4)を組み合わせて生産菌を育種する．

実際の育種操作に伴うトレオニン生産量の変化の典型的な例を，表 6.1 に示す．野生型大腸菌はほとんどトレオニンを生産しない．ここに 1)から 3)の各変異を単独で導入すると，最も効果が大きいのは AHV 耐性変異であり，その導入により 1.87 gL^{-1} のトレオニンが生産されるようになる．このことからも，野生型の細胞はフィードバック制御によって必要以上の産物を合成しないように制御されていることがよくわかる．次いで，メチオニン要求性変異では 1.74 gL^{-1} となる．一方，リジン要求性変異はほとんど効果がない．これは，リジン合成経路は先に述べたようにジアミノピメリン酸の合成に必須であるため，分岐の根元で遮断することができないからである．

表6.1 大腸菌から育種されたトレオニン生産菌の生産性

アミノ酸要求性	AHV耐性	thrABCプラスミド	トレオニン(gL^{-1})
–	–	–	0.01
Met	–	–	1.74
Lys	–	–	0.09
Ile	–	–	0.01
Met, Ile	–	–	2.99
–	+	–	1.87
Met	+	–	3.78
Ile	+	–	4.69
Met, Ile	+	–	6.10
Met, Ile	+	+	13.4

またイソロイシン要求性変異も，単独では効果が認められない．しかし，AHV耐性変異やメチオニン要求性変異と組み合わせると相乗的に効果を示し，それぞれ生産量が4.69，2.99 gL^{-1}となる．つまり，分解経路の遮断は，産物が蓄積するようになって初めて効果を示すようになるのである．AHV耐性とメチオニン要求性の組合せはほぼ相加的な効果となり，3.78 gL^{-1}となる．最終的に，AHV耐性，メチオニン要求性，イソロイシン要求性の3つの変異の組合せで，6.01 gL^{-1}の生産ができるようになった．ここに，AHV耐性変異株由来の*thrABC*オペロンをpBR322プラスミドにクローン化したプラスミドを導入することにより，13.4 gL^{-1}の生産性が達成された．このとき，プラスミドのコピー数は10数コピーで，酵素活性(*thrA*にコードされるホモセリンデヒドロゲナーゼ活性で)は約5倍となっていた．

同じようにして，リジン生産菌も育種されている．リジンによるフィードバック阻害の解除には，リジンの非代謝アナログである*S*-(2-アミノエチル)システイン(*S*-(2-aminoethyl)cysteine, AEC)の耐性変異株を分離する(図6.8)．

6.4 生産菌育種の最近の試み

上述したような古典的な遺伝学と，組換えDNA技術を用いて育種された生産菌株が，実際の工業的な生産に多く用いられている．しかしながら，最近ではゲノム情報の充実と網羅的な解析技術，ゲノム操作技術の進歩により，新たな生産菌株の創生法が模索されている．そのいくつかの例を紹介する．

6.4.1 ゲノム育種

6.3節で述べたような，変異処理と変異株の選抜を繰り返すことによって得られた生産菌株は，生産性の向上に寄与する変異のみならず，生産には全く不要な変異や，

逆に悪影響を与えるような変異も有してしまっていることが多い．たとえば，実際に工業的に用いられている生産菌株は，熱や浸透圧といったストレスに対する感受性が向上していたり，増殖速度が低下していたり，最終生育到達レベルが低下していたりすることが報告されている．そこで，物質生産に寄与するような変異のみを抽出し，野生株の遺伝的背景にこれらの変異を導入しようという試みが，ゲノム育種である．

実際に，工業的なリジン発酵に用いられている生産菌株と野生株の比較ゲノム解析が行なわれ，網羅的に変異が同定された．そのなかから，これまでの知見をもとにリジンの生産性に貢献していると思われる変異を抽出して，野生株にそれらの変異を導入した．その結果得られた多重変異株は，生産菌株に近い生産性を示すようになり，期待どおりに生産速度の向上，温度感受性の改善などが認められた．これにより，発酵時間の短縮，冷却費の削減などにより生産費用の削減が期待できる．しかしながら，このようにして構築された菌株の生産性は，実際の生産株のそれよりもまだわずかに低い．リジン生産に寄与するまだ知られていない変異があると考えられている．

また，従来の育種法でよく用いられた変異剤ニトロソグアニジン（NTG）は，おもに GC→AT の変異を引き起こすため，これにより導入されるアミノ酸の種類が限定される．そこで，先のゲノム育種によって有効変異とされた変異部位のアミノ酸を，20種類のアミノ酸にそれぞれ置換してみると，NTG 処理により得られていた変異株よりも有効な置換があることが見いだされている．つまり，古典的な変異処理では必ずしも最適な変異株が得られているわけではない．有効変異の最適化によりさらなる生産性の向上が期待できる．

6.4.2 ミニマムゲノムファクトリー

微生物細胞は，環境中でさまざまなストレスにさらされる可能性があり，それらのストレスに対処するための情報を，ゲノム中に保持している．それらの遺伝子発現は普段は抑制されており，ストレスにさらされたときにだけ発現してくる．もし微生物細胞を理想的な培養条件で生育させることができるならば，それらの遺伝子は不要になるはずである．そこで，このような物質生産に不要な遺伝子をゲノムから削除することができれば，微生物細胞は物質生産に専念することができ，生産性が向上するのではないかと考えられた．そのような考えのもとにゲノムを最大限にスリム化し，物質生産に特化した細胞を構築しようという試みが，ミニマムゲノムファクトリープロジェクトである．これまでに，大腸菌，枯草菌，酵母などで試みられている．

大腸菌では，野生株のゲノム 4.64 Mb から繰り返し欠失を行なうことにより，全体で約 1 Mb を欠失した株が創生されている．この株は M9 最少培地で，野生株とほぼ同じ増殖速度を示し，最終生育到達レベルが野生株より大幅に向上していた．予備的

な実験では，組換えタンパク質の生産性などにも向上が認められた．同様に枯草菌でも，4.3 Mb のゲノムから約 1 Mb を欠失させた株が得られている．この欠損株を宿主として，セルラーゼの分泌が野生株の約 6 倍となる株が育種されている．これらの欠失株の工業的な生産への応用はまだ報告されていないが，これらを宿主として新たな生合成経路を導入することによって，期待どおりに効率的な発酵生産ができるようになるのか，興味深いところである．

6.4.3 合成生物学

　ミニマムゲノムファクトリーが，既存の菌株から不要な配列を削除していくのに対して，合成生物学では，細胞の維持と物質生産に必要な遺伝子のみをつなぎ合わせて生産細胞を作り出そうという試みである．組換え DNA 技術の誕生以来，これまでにも，本来その菌がもたない生合成経路遺伝子(群)を導入して物質生産を行おうという試みは，数多くなされてきた．最近，化学合成した DNA 断片を酵母細胞の中でつなぎ合わせて，マイコプラズマの全ゲノム DNA を再構成し，これを別種のマイコプラズマ細胞に導入することによって菌を再生したという報告がなされた．これにより，少なくとも細菌レベルでは，合成生物学的なアプローチがかなり現実味を帯びてきたといえる．

7 真核生物の代謝制御

　生命体は，1つあるいは複数の細胞により構成されており，各細胞内では生命の維持や増殖に必要な多数の生化学反応が同時に生じている．これらの反応をまとめて代謝とよんでおり，栄養素からさまざまな細胞成分を生成している．たとえば，単純な細胞である原核生物の大腸菌であっても，約2,000もの反応が並行して進行しており，これらが細胞全体のネットワークの中で集積されて相互に連関している．それに加え，多細胞生物であるほ乳類などの高等生物は細胞間や組織間のネットワークも非常に重要であり，これらネットワークの高度な統合により，我々生物は秩序を維持し生存することができている．

　代謝の中心は自由エネルギーの獲得，貯蔵，利用であり，多くの代謝過程において高エネルギーリン酸化合物，アデノシン5′-三リン酸(ATP)が生物系のエネルギー供与体として働いている．ATPの生成や利用に関するエネルギー代謝は，細菌からヒトまでの大多数の生物種で共通した部分が多く，解糖系(巻末付録1)，β酸化(付録3)，クエン酸回路(付録4)，電子伝達系(付録5) (以上異化代謝)，糖新生(付録6)，脂肪酸などの脂質合成(付録7, 8) (以上同化代謝)などである．それぞれの生物では，これらの代謝経路が多様なネットワークにより高度に制御されている．ここでは，真核生物，とくにヒトなどの高等生物のエネルギー代謝ネットワークの制御機構を解説し，それらと生活習慣病などの疾患との関係について紹介する．

7.1　エネルギー代謝制御

　生体内で生じる反応の多くは，ATPがエネルギーの源であるため，生物はこの貴重なATPを効率よく利用しなければならない．細胞内の代謝をATP量の変化という点からみると，異化代謝はATPを増加させる経路であり，一方で，同化代謝はATPを減少させる経路であるととらえることができる．したがって，異化代謝と同化代

が同時に起こることは，細胞内のATPエネルギーの利用効率からみると無益なサイクルが生じることとなる．また，同化代謝だけが急激に進み，ATPが急減して使い切ってしまうと，次に異化代謝を動かすこともできなくなる．このようなことが起こらないために，生体内のエネルギー代謝は巧妙に作られ，また制御されて，生体内でのATP量を効率的に維持できる機構を備えている．また高等生物においては，生理的な生体内での必要性から，同様な条件下において，細菌などでみられる代謝の方向性とは反対の方向に働くような仕組みも備わっている．

　生体内物質の分解反応経路(異化代謝)と合成反応経路(同化代謝)は，同一反応(可逆反応)を多く共有し，それらの反応の進行方向を逆転させることで，むだな反応を少なくしている．一方で，合成と分解を同時に生じさせないための基本的な仕組みとして，代謝経路の一部の反応が不可逆反応となり，その部分は異化代謝と同化代謝で別の反応となっている．つまり，不可逆反応を導入することで，一連の代謝反応が逆戻りせずに効率的に代謝を進められるだけでなく，合成と分解に別の不可逆反応が含まれていることから，それらの反応を使い分けることにより，代謝の方向を変えることができるということである(これは生体内の代謝を効率化するための基本である)．たとえば，解糖系(付録1)でのホスホエノールピルビン酸をピルビン酸に変換する反応は，ピルビン酸キナーゼによって不可逆的に行われる．一方，糖新生(付録6)におけるピルビン酸をホスホエノールピルビン酸に変換する反応は，ピルビン酸カルボキシラーゼでピルビン酸をオキサロ酢酸に不可逆的に変換したのち，ホスホエノールピルビン酸カルボキシキナーゼ(PEPCK)によりオキサロ酢酸をホスホエノールピルビン酸に変換するという，別の2段階の反応となっている．したがって，代謝経路の不可逆反応の部分が，その代謝の制御においては重要な役割を果たしている．

7.1.1　AMP活性化タンパク質キナーゼ

　生体内でのエネルギーの源はATPであり，一定量以上のATPを恒常的に維持することが生命にとって不可欠であることから，常時ATP量の変化を捕えておく必要がある．しかし，生体内ATP量は通常比較的多量に存在し，そこからわずかな変化を検出するのは容易ではない．また，ATPの加水分解で生じるADPは，アデニル酸キナーゼにより $2ADP \rightleftarrows AMP + ATP$ の反応が起こり，ATPの量的変化を直接反映していない．一方で，上記の反応により生じるAMPは，ATPが約10%減少しただけで，約500〜600%増加する．このことから，ATPではなくAMPの量的変化を感知してエネルギー代謝系を変化させる仕組みが，正常状態において存在している．その感知応答の中心となるのがAMP活性化タンパク質キナーゼ(AMPK)である．AMPKはfuel gauge sensorともいわれ，脳，肝臓，筋肉，脂肪細胞などの多数の組織に存在し，

7.1 エネルギー代謝制御

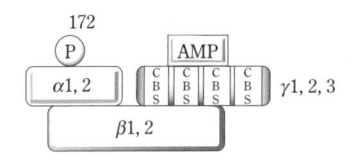

図 7.1 AMPK の模式図.

AMP に依存してタンパク質のセリン/トレオニン残基をリン酸化する酵素である.

　AMPK は，酵母からほ乳動物に至るほとんどの真核生物に存在し，N 末端側にリン酸化触媒部位のある α サブユニットと，活性調節サブユニットである β サブユニット，γ サブユニットのヘテロ三量体で構成されている(図 7.1)．α サブユニットは α1 と α2，β サブユニットは β1 と β2，γ サブユニットは γ1，γ2，γ3 のアイソフォームが存在し，合計で 12 種類の組合せがある．γ サブユニットには，4 つの CBS (cystathionine-β-synthase) モチーフがあり，この部分に AMP や ATP が結合する．AMPK は，α サブユニットの 172 番めのトレオニンがリン酸化されることで，その上流のキナーゼによって活性化される．一方，細胞内の AMP 増加で，AMP が γ サブユニットにアロステリックに結合することでも直接活性化される．いずれにせよ，活性化された AMPK は，糖代謝，脂質代謝，ミトコンドリア合成，タンパク質合成など多岐にわたり働くため，細胞内エネルギーの維持に働いている代謝制御の中心的なタンパク質となっている(図 7.2)．AMPK の具体的な役割については，以下に説明する．

　糖代謝においては，AMPK の活性化でおもに，①グルコース取込み，②糖新生抑制，③グリコーゲン合成抑制，が生じる．①のグルコース取込みでは，筋肉細胞などで発現しているグルコーストランスポーター GLUT4 は，通常細胞内小胞の膜に局在して

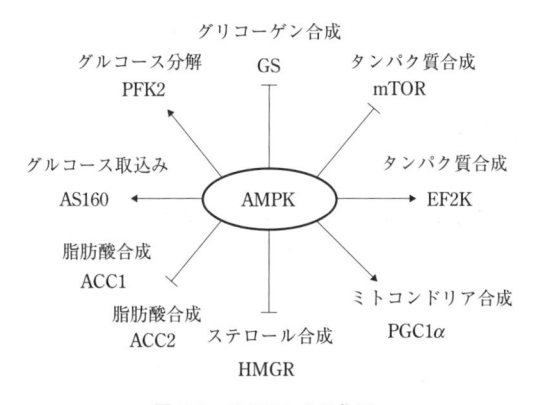

図 7.2 AMPK による作用.

103

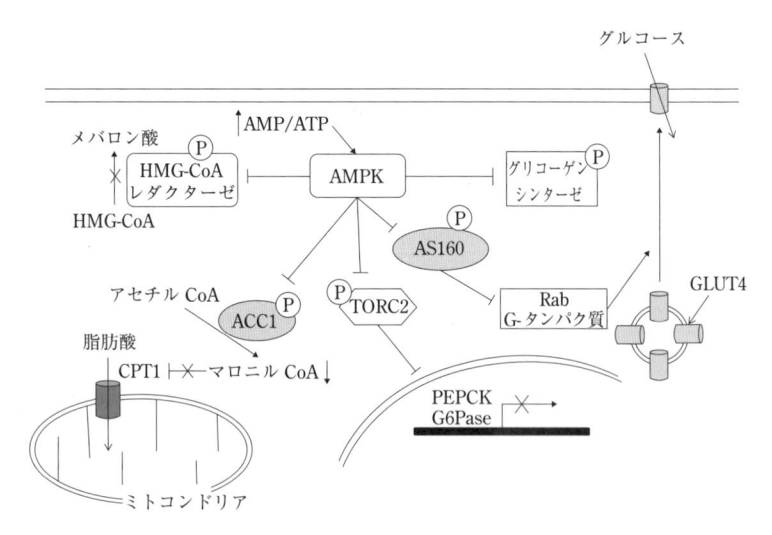

図 7.3　AMPK による糖・脂質代謝系のシグナル伝達.

いるが，活性化した AMPK が Rab GTPase 活性を有する AS160 というタンパク質をリン酸化することで不活化し，Rab タンパク質を活性化状態(Rab-GTP)にシフトさせることで，GLUT4 含有小胞を細胞膜に融合させて GLUT4 の膜移行を誘導する．これによりグルコースの取込みが促進され，解糖系を介した ATP 合成が促進される(図 7.3)．

一方で，②糖新生では，その律速酵素である PEPCK とグルコース 6-ホスファターゼ(G6Pase)の遺伝子発現制御領域に CRE(cAMP response element)があり，活性化した AMPK は，転写因子 CREB(CRE-binding protein)のコアクチベーター TORC2 (transducer of regulated CREB activity 2)をリン酸化して TORC2 の核移行を阻害することにより，CREB 活性を阻害して PEPCK と G6Pase の発現を減少させ，糖新生を抑制する．加えて，③グリコーゲン合成に必要なグリコーゲン合成酵素が活性化した AMPK によりリン酸化されて，活性が抑制される．これらの応答により，グルコースを分解して ATP を合成する異化代謝が亢進することになる．

脂質代謝では，AMPK 活性化で①脂肪酸合成から β 酸化へのシフトと，②ステロール合成抑制が生じる(図 7.3)．①では，活性化 AMPK がアセチル CoA カルボキシラーゼ(ACC1)をリン酸化し，その活性を抑制することで，脂肪酸合成に必要なマロニル CoA が減少する．カルニチンパルミトイル転移酵素 1(CPT1)は，脂肪酸をミトコンドリアに輸送するが，マロニル CoA によりアロステリックにその活性が阻害されている．AMPK 活性化で，ACC1 が抑制されマロニル CoA が減少すれば，CPT1 が活性

化されて脂肪酸がミトコンドリアに移動し，β酸化が促進されることとなる．そして，AMPKはステロール合成の律速酵素であるHMG-CoAレダクターゼ(HMGR)をリン酸化して不活化させることにより，ステロール合成を抑制する．これらの反応により，ATPを合成する脂肪酸酸化が促進され，一方で，ATPを消費する脂肪酸合成やステロール合成は抑制されることになる．

ミトコンドリアでは，AMPKが活性化されると，ニコチンアミドホスホリボシル転移酵素(NAMPT)を介して細胞内NAD^+/NADH比が増加する．これにより，NAD^+依存性脱アセチル化酵素Sirtuin1(SIRT1)が活性化され，PGC1α(PPAR(peroxisome proliferator-activated receptor) γ coactivator1 α)と，FOXO1(forkhead box O1)を脱アセチル化することで，これらを活性化してミトコンドリア関連遺伝子の発現を増加させる．その結果，ミトコンドリア内で起きる脂肪酸酸化を促進するだけでなく，ATP合成に必要なクエン酸回路や電子伝達系を促進することになる．

タンパク質合成では，AMPKが結節性硬化症関連タンパク質のTSC2(tuberous sclerosis complex 2)をリン酸化することにより，mTOR(mammalian target of rapamaycin)の活性を抑制するとともに，EF2K(eukaryotic elongation factor-2 kinase)をリン酸化して活性化し，翻訳伸長因子(eEF2)を脱リン酸化することによって不活化する．これらの作用でタンパク質合成が抑制され，アミノ酸がエネルギー産生に用いられることとなる．

以上のように，AMPKは多くの代謝系に関係しており，効率よくエネルギーを産生するための重要な役割を担っていると考えられている．

7.1.2 AMPによる酵素阻害

前項で述べたように，AMPはATPの量的変化を捉えるうえで感度のよい物質である．したがって，AMPKに作用してさまざまな代謝を調節するだけでなく，AMPが直接代謝系酵素に作用して，その反応を調節することも知られている．たとえば，ATPとクエン酸が多く存在する場合には，これらがアロステリック制御因子となって，解糖系の酵素の1つであるホスホフルクトキナーゼ-1(PFK-1)に結合し，その反応を抑制して解糖系を抑えている．しかしAMPが増加してくると，ADPとともにPFK-1に作用し，結合しているATPを引き離し，PFK-1を活性化して解糖系を促進させる．一方AMPは，PFK-1に対する糖新生の不可逆反応の酵素であるフルクトース1,6-ビスホスファターゼ(FBPase-1)のアロステリック制御因子として作用し，その活性を抑制して糖新生を抑えることで，解糖系の促進を助けている．

7.2 ホルモンによるエネルギー代謝調節

真核生物,とくに高等真核生物であるヒトなどのほ乳類は,前節のようなエネルギー代謝調節に加え,ある細胞から分泌された物質が体液によって離れた臓器などに運ばれて,そこで作用する内分泌による生体全体のエネルギー代謝調節を有している.ヒトでは,その代表的な分泌物質(ホルモン)として,インスリン,グルカゴン,アドレナリンなどが知られており,これらホルモンによる代謝調節の異常が,糖尿病などの基礎疾患の原因となっていることがわかっている.ここでは,これらホルモンのエネルギー代謝調節機構について紹介する.

7.2.1 インスリンによるエネルギー代謝調節

インスリンは,血液中の糖濃度(血糖値)が上昇すると膵臓の膵 β 細胞から分泌される物質であり,その分泌機構も巧妙に制御されている(図 7.4).まず,血糖値が上昇して血液中のグルコース濃度が上昇してくると,β 細胞の細胞膜に存在するグルコーストランスポーター(GLUT2)がグルコースを取り込んで,解糖系などによるATP 合成が活発になる.細胞内 ATP 量が増加すると,細胞膜に存在する ATP 感受性カリウムチャンネルが抑制されて脱極性を起こす.それにより,電位依存性カルシウムチャンネルが解放されて,細胞内にカルシウムイオンが流入することになる.この刺激により,細胞内に存在していたインスリンがエキソサイトーシスにより細胞外に放出される.一方で,細胞内に取り込んだグルコースをグルコース-6-リン酸(G6P)に変換するヘキソキナーゼは,G6P によってフィードバック阻害が起きるので一過性の分泌となる.

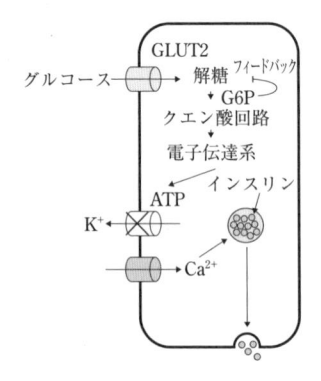

図 7.4 膵 β 細胞でのインスリン分泌.

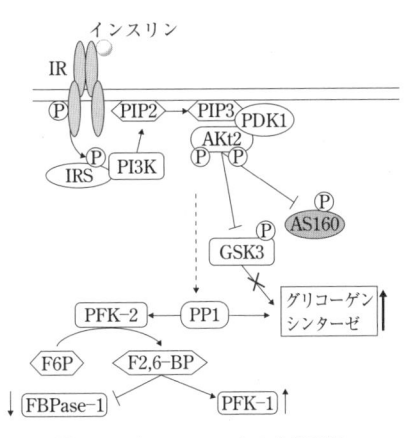

図 7.5　インスリンによる代謝調節.

　分泌されたインスリンは他の組織や細胞に作用し，エネルギー源を蓄えるべくさまざまな反応が誘導されるとともに，エネルギーを消費する反応は抑制される．その分子機構は，まずはインスリンが細胞膜にあるインスリン受容体(IR)に結合することで，受容体の細胞質ドメインであるチロシンキナーゼの自己リン酸化が起こり，チロシンキナーゼが活性化されることから始まる(図7.5)．次に，インスリン受容体基質(IRS)がチロシンキナーゼに結合してリン酸化されたのち，ホスホイノシトール 3-キナーゼ(PI3K)と結合して細胞膜に移行する．PI3K はホスファチジルイノシトール 3-リン酸(PIP3)を合成する．PIP3 により引き寄せたプロテインキナーゼ B(PKB, Akt2)をタンパク質キナーゼの PDK1 でリン酸化し，Akt2 が活性化されることで，その下流にある複数の PKB 系のシグナルカスケードが活性化される．その1つが骨格筋などでのインスリンによるグルコース取込みの活性化機構である．グルコースの取込みは AMPK による活性化でも生じるが，インスリンによる活性化はそれとは独立し，AMPK ではなく Akt2 が AS160 をリン酸化することで不活性化する．その後は，Rab の活性化により GLUT4 が細胞膜に移行する．

　またグリコーゲン合成/分解系においては，Akt2 はグリコーゲンシンターゼキナーゼ3(GSK3)をリン酸化することで，このタンパク質を不活性化し，グリコーゲンシンターゼのリン酸化を抑制することで，この酵素の不活化を阻害している．さらに，インスリンはプロテインホスファターゼ1(PP1)を活性化し，グリコーゲンシンターゼの脱リン酸化を促し，この酵素を活性化してグリコーゲン合成を促進する．

　加えて解糖系/糖新生系においては，PP1 はホスホフルクトキナーゼ-2(PFK-2)を脱リン酸化する．PFK-2 はフルクトース 6-リン酸からフルクトース 2,6-ビスリン酸(F2,6-BP)を合成する活性があり，かつその逆反応である加水分解活性も有しており，

条件によりそのどちらかの反応のみを触媒する．PFK-2は脱リン酸化されると合成活性を示し，リン酸化により加水分解活性を示す．そして，PFK-2で合成されるフルクトース2,6-ビスリン酸は，PFK-1の正の調節因子であり，FBPase-1の負の調節因子である．したがって，PFK-2の脱リン酸化でフルクトース2,6-ビスリン酸が増加すると，PFK-1を活性化，FBPase-1を抑制し，解糖系を促進させる．

7.2.2 グルカゴン，アドレナリンによるエネルギー代謝調節

グルカゴンは，インスリンとは反対に，血糖値が下がると膵臓の膵α細胞より分泌されるホルモンである．アドレナリン(エピネフェリン)は，緊急時のストレス応答として副腎髄質から放出されるホルモンである．双方の物質とも，インスリンとは逆方向のエネルギー代謝，血中のグルコース濃度を増加させる応答を誘導する．とくにグルカゴンは，インスリンの分泌と対比して分泌される仕組みを備えている．膵臓でβ細胞によるインスリンの分泌が増加すると，隣接するα細胞の細胞表面にあるインスリン受容体に結合し，前述したPI3KやAkt2を介したPKBカスケードが活性化される．これにより，ATP感受性のカリウムチャンネルなどの作用で，グルカゴンの分泌が抑制される．一方で，インスリンの分泌量が減少すると，グルカゴンの分泌抑制が弱まり，グルカゴンが放出されることとなる．

分泌されたグルカゴンは肝臓のグルカゴン受容体に結合し，アドレナリンは肝臓や骨格筋などのアドレナリン受容体にそれぞれ結合して，Gタンパク質であるGsαを活性化させる．これによりアデニル酸シクラーゼ(AC)が活性化され，第二メッセンジャーのサイクリックAMP(cAMP)が合成されるようになり，cAMPによってプロ

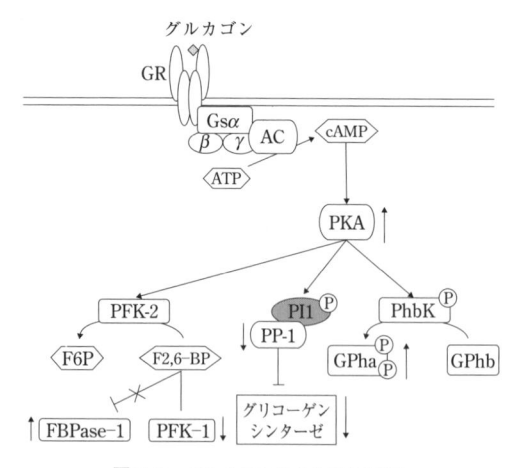

図7.6　グルカゴンによる代謝調節．

テインキナーゼ A(PKA)が活性化される(図7.6).

　グリコーゲン合成/分解系では，cAMPによって活性化されたPKAは，ホスホリラーゼbキナーゼ(PhbK)をリン酸化してこの酵素を活性化し，グリコーゲンホスホリラーゼb(GPhb,不活性型)の2ヵ所のセリン残基をリン酸化する．これにより，GPhbが活性型のグリコーゲンホスホリラーゼa(GPha)に変換され，グリコーゲンの分解が進行する．他方で，PKAはホスファターゼインヒビター1(PI1)をリン酸化することで，PI1をPP1に結合させてグリコーゲンシンターゼの脱リン酸化を阻害し，グリコーゲンシンターゼの活性化を抑制することで，グリコーゲン合成を抑えている．

　次に解糖系/糖新生系では，グルカゴンにより活性化された肝臓のPKAは，PFK-2をリン酸化して不活性化することにより，フルクトース2,6-ビスリン酸の合成を抑制，加水分解を促進し，その量を減少させる．これにより，PFK-1活性が抑制されるとともにFBPase-1活性阻害がなくなり，糖新生が促進される．さらに，cAMPの刺激により肝臓のピルビン酸キナーゼがリン酸化されて，その酵素活性を不活化することにより解糖系が止まる．しかしながら，骨格筋系のPFK-2は，PKAがリン酸化するセリン残基がアラニン残基となっていることから，アドレナリンにより活性化されたPKAによってはリン酸化が生じず，糖新生は促進されない．また，骨格筋系のピルビン酸キナーゼはcAMPには応答しない．これは，肝臓がエネルギー源(糖)を貯蔵・供給する組織，骨格筋系はエネルギー源(糖)からエネルギー(ATP)を生み出しそれを消費する組織と，役割分担されているからであると考えられている．

　加えて脂質合成/分解では，脂肪細胞においてグルカゴンやアドレナリンより活性化されたPKAが，ホルモン感受性リパーゼをリン酸化することにより活性化させ，貯蔵脂質であるトリアシルグリセロールを分解して脂肪酸を遊離させることで，脂質分解を促進させている．

7.3 摂食調節物質によるエネルギー代謝調節

　近年，ヒトを中心としたほ乳類などにおいて，摂食行動やエネルギー代謝にかかわる新たな調節物質が次々に発見され，視床下部などの脳・神経活動による個体としてのエネルギー代謝調節が，生命体の恒常性の維持の1つとして行われていることが明らかになってきた．これらの物質のうちで，とくに代表的な代謝調節異常による疾患である，糖尿病に深くかかわるいくつかの摂食調節物質について紹介する．

7.3.1 糖尿病

　糖尿病には，1型と2型の2つの型がある．1型糖尿病は，若年性糖尿病(インスリ

ン依存性糖尿病)とよばれ，若い世代の間に生じる自己免疫異常により膵 β 細胞が侵され，インスリンが産生できなくなる疾患である．これは，おおよそインスリン投与により改善することができる．一方で，2 型糖尿病は成人型糖尿病(インスリン非依存性糖尿病)とよばれる．長期にわたるインスリン過剰産生による膵 β 細胞のインスリン産生能低下や，インスリンに対する各細胞応答の低下などによるエネルギー代謝異常の疾患であり，食物の過剰摂取とそれに伴う肥満などが原因で，大半が中年期になって発症する．この 2 型糖尿病に関する近年の研究において，さまざまな摂食調節物質が発見され，摂取と肥満や糖尿病との関係が徐々に明らかとなってきており，今後の肥満や糖尿病に対する治療などへの応用も期待されている．

7.3.2 グレリン

グレリンは，おもに胃の内分泌細胞で産生される 28 アミノ酸からなる成長ホルモン分泌促進ペプチドとして発見された物質で，3 番めのセリン残基がアシル基転移酵素(ghrelin O-acyl transferase)により脂肪酸修飾(オクタノイル化)されて活性型となり，摂食亢進や体重増加，消化管機能調節など，エネルギー代謝調節に重要な作用をもつ摂食促進ペプチドである．活性型グレリンは，視床下部にあるニューロペプチド Y(Npy)やアグーチ関連タンパク質(agouti-related protein, AgRP)を産生する Npy/AgRP ニューロンを活性化し，これらのニューロンが両ペプチドを分泌することで，シグナルが伝達され，摂食を促進することが知られている．また，成長ホルモン分泌促進因子(growth hormone escretagogue, GHS)の受容体(GHS-R)への結合を介して，成長ホルモン(growth hormone)の分泌を促進し，AMPK の活性化も行うことが報告されている．

7.3.3 レプチン

レプチンは，1994 年に発見された遺伝子産物で，21 アミノ酸を含む 167 アミノ酸からなる前駆体として，脂肪細胞で合成され，シグナルが外れた 146 アミノ酸タンパク質として分泌される摂食抑制ホルモンである．脂肪細胞の量的な増加に伴い分泌され，血中レプチン濃度は体脂肪率や体格指数(BMI)と相関関係がある．通常の 10 倍の発現がみられるレプチン過剰発現マウスは，全身の脂肪細胞が消失し激やせを示すことが報告されている．レプチンは，視床下部弓状核に存在する POMC(pro-opiomelanocortin)ニューロンのレプチン受容体(Ob-R)に結合して，この受容体を活性化し，JAK2(Janus activate kinase 2)の活性化を行う(図 7.7)．JAK2 は，インスリンの細胞内シグナルと同じ IRS や SHP2 のチロシンキナーゼを活性化するとともに，STAT3 を活性化することが知られている．これにより，イオンチャンネルを介した脱分極が

7.3 摂食調節物質によるエネルギー代謝調節

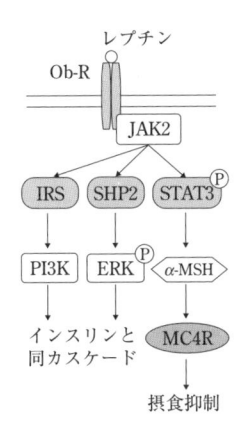

図 7.7 レプチンの細胞内シグナル伝達.

POMC ニューロンで生じ, α-MSH (melanocyte-stimulating hormone, メラニン細胞刺激ホルモン) が産生され, メラノコルチン 4 型受容体 (MC4R) への結合を介して摂取抑制が生じる. 一方, Npy/AgRP ニューロンでは, レプチンの OB-R への結合により過分極が生じ, AgRP の遺伝子発現が抑制される. AgRP は α-MSH の MC4R への結合を拮抗的に阻害することから, 結果として摂食抑制が増強されることとなる.

7.3.4 アディポネクチン

アディポネクチンは, 脂肪細胞の肥大はみられないがインスリンに対して抵抗性を示す, 疾患マウス (脂肪萎縮性糖尿病) の研究で発見された. レプチンとともに脂肪細胞で合成されて分泌され, 肝臓や骨格筋に作用する. 肝臓や骨格筋では脂肪酸の燃焼を促進する. アディポネクチン受容体には, 7 回膜貫通型の AdipoR1 と AdipoR2 の 2 つがある. 肝臓においては, AdipoR1 が AMPK を活性化して, 糖新生の抑制, 脂肪酸合成の抑制などの同化代謝を減少させ, Adipo R2 は PPARγ を活性化して, 脂肪酸燃焼にかかわるアセチル CoA オキシダーゼ (ACO) やエネルギー消費にかかわる脱共役タンパク質 (uncoupling protein, UCP) の発現を増加させて, 異化代謝を促す (図 7.8). また骨格筋においては, AdipoR1 がカルシウム・カルモジュリン依存性プロテインキナーゼキナーゼ (CaMKK) を介して AMPK を活性化し, 運動した時と同様な効果がみられると考えられている.

7 真核生物の代謝制御

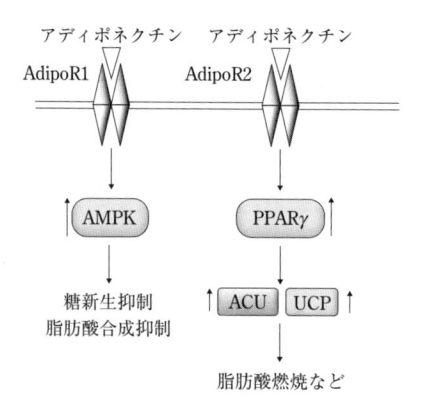

図 7.8 肝臓でのアディポネクチンの細胞内シグナル伝達.

8 がんの生物学

　がんは1981年から日本における死因の第一位となっている．2009年の厚生労働省の統計データによると，2人に1人ががんにかかり，3人に1人ががんで死亡している．今後高齢化に伴い，がんによる死亡はさらに増加することが予想されている．寿命が延びることとがんになることとは，深いかかわりがある．また，日々の生活にもがんになる要因がたくさんある．細胞ががん化する機構には，細胞の分化，増殖，代謝，細胞死の仕組みが深くかかわっている．また，生体でがんが成長し，悪性化を獲得する過程には，免疫，老化，分化などの制御機構が重要な役割を担っている．がんの生物学を知ることは，生命の恒常性の仕組みを知ること，つまり「生命」を知ることに等しい．ここでは，がんについて概説しながら，がん研究から得られたさまざまな生体の仕組みや細胞の営みについて概説していきたい．

8.1 がんの定義と分類

　「がん」とは悪性腫瘍全体を意味する総称で，「悪性新生物」ともよばれる．「新生物」は正常では存在しえない物(細胞)を，「悪性」は生命を脅かす性質をさす．ちなみに「良性腫瘍」とは，正常では存在せず「こぶ」のように塊が存在するだけで，正常組織との境界もはっきりしており，取り除けば生命を脅かすことはない．しかし「良性腫瘍」から時間をかけて「悪性腫瘍」になるものもあるため，早期の摘出や経時的観察を要する．表8.1にがんの分類と代表的ながんを示す．がんの形態から分類すると，塊を作る固形がんと造血器に由来する血液細胞がんに分けられる．固形がんは由来する組織をもとに，上皮性腫瘍(cancer, carcinoma)と肉腫(sarcoma)に分類される．がんのほとんどが上皮性腫瘍である．肉腫は，非上皮性細胞(おもに間質細胞)に由来する．

表 8.1　がんの分類

血液がん	造血器にできるがん	白血病，悪性リンパ腫，骨髄腫など
上皮性腫瘍	上皮細胞がん	肺がん，乳がん，胃がん，大腸がん，子宮(頸)がん，卵巣がん，頭部がん，咽頭がん，膵臓がんなど
肉腫	非上皮性細胞がん	骨肉腫，軟骨肉腫，横紋筋肉腫，平滑筋肉腫，線維肉腫，血管肉腫など

8.2　発がんの要因

　がんは細胞の病気である．がん化の最初の段階では，さまざまな要因によって，特定の遺伝子に傷が入ったり，構造的変化が起こったりすることで，遺伝子の発現パターンが変化して，細胞の性質が変わってしまう．がんを克服するために，がんの原因となる特定の遺伝子の同定が精力的に行われてきた．その結果，がん遺伝子，がん抑制遺伝子のような，それぞれがん化のアクセルとブレーキの役割をしている遺伝子群が同定された(8.4節参照)．これらの遺伝子は，正常細胞が生体の恒常性を維持するために必要不可欠な機能をもつことがわかった．つまり，相当な数の遺伝子が原因となりうるのである．がんを引き起こす要因とは，そのような遺伝子の発現パターンに変化を引き起こすような事象ということになる．おもな事象を分類すると，表8.2のように，微生物感染，遺伝的要因，環境的要因に分けられる．いずれの要因も，単独でがん化を引き起こすというより，他の要因と複合的に関与しあってがん化を誘引している．

表 8.2　がんの原因と種類

微生物の感染	肝がん	肝炎ウイルス(HBV，HCV)
	白血病	ヒトT細胞白血病ウイルス(HTLV)
	子宮頸がん	ヒトパピローマウイルス(HPV)
	胃がん	ピロリ菌
遺伝的要因	遺伝性	遺伝性非ポリポーシス大腸がん，遺伝性乳がん・卵巣がん，遺伝性黒色腫など
	家族性	家族性大腸ポリポーシス(家族性大腸腺腫症)，多発性内分泌腫瘍症，網膜芽細胞腫など
環境的要因	喫煙	肺がん
	貯蔵肉	結腸がん，大腸がん
	塩分	胃がん
	紫外線	皮膚がん
	アスベスト	悪性中皮腫など

8.2.1 微生物感染

　微生物の感染が原因である場合は，おもに2つの発がん機構がある．1つめの発がん機構は，長期感染による慢性炎症が引き金になる場合である．肝がん，子宮頚がん，胃がんのなかには，ウイルスや細菌の長期にわたる局所感染で慢性的に炎症が引き起こされ，炎症に伴って細胞に引き起こされる変化によって，がん遺伝子やがん抑制遺伝子に傷がついたり構造的変化が起こったりして，がん化する．2つめの発がん機構は，ゲノムに組み込まれたウイルス遺伝子が引き金になる場合である．ヒトT細胞白血病では，母乳により垂直感染を起こすことが知られており，数十年にわたる潜伏感染の後に発症する．ヒトT細胞白血病ウイルスはレトロウイルス（8.4.1参照）で，感染したウイルスのゲノムが宿主細胞ゲノムに組み込まれ，宿主細胞とともに増殖を続ける．なんらかの刺激を受けることで，急激に宿主細胞を増殖させるような変化が誘発されがん化する．微生物感染が原因とわかっているがんの場合は，微生物の感染を防ぐワクチンを接種したり除菌したりすることで，がんを予防することができる．

8.2.2 遺伝的要因

　遺伝的要因で引き起こされるがんには，遺伝性と家族性がある．表8.3に，遺伝性がんの例とその原因となるがん遺伝子やがん抑制遺伝子を示す．遺伝性，家族性ともに特定の遺伝子変異によって引き起こされるが，家族性の場合は，「がんの発生が遺伝的法則に必ずしも従わないが，偶然で予測される頻度を超えて特定の家系に発生するがん」をさす．遺伝的要因もあるが，特定の家族内での生活習慣や食習慣が影響していて，次に示す環境的要因と複合的にがん化が引き起こされている可能性が高い．

8.2.3 環境的要因

　衣食住すべての生活の営みにかかわっており，内容は多岐に渡る．たとえば，喫煙，過度なストレス，偏った食習慣，過度な飲酒，汚染環境，紫外線，放射線などが長期に続くことで，がん化を引き起こす．いずれも物理的（たとえば熱やアスベスト，粉じん，放射線などの刺激），化学的（たとえば炎症やストレスによる活性酸素の増加，たばこの煙に含まれる化学物質），生理的（たとえばストレスによる免疫抑制や交感神経の興奮）変化により，細胞の遺伝子変化を引き起こしたり，がんの悪性化の増大を引き起こしたりする．生活習慣や食事を改善するなど，物理的，化学的，生理的原因を取り除くことができれば，がん化のリスクを下げることができる．がんが生活習慣病の1つとしてあげられる理由である．

表 8.3　遺伝性がんの原因となるがん遺伝子・がん抑制遺伝子

がんの名称	原因遺伝子	おもながん	同時にできやすいその他のがん
遺伝性非ポリポーシス大腸がん(HNPCC)	hMLH1, hMSH2, hMSH6 など	大腸がん	子宮体がん, 卵巣がん, 胃がん, 小腸がん, 卵巣がん, 腎盂・尿管がん
家族性大腸ポリポーシス(家族性大腸腺腫症)	APC		胃がん, 十二指腸がん, デスモイド腫瘍
遺伝性乳がん・卵巣がん症候群	BRCA1, BRCA2	乳がん	前立腺がん, 膵がん
リー・フラウメニ症候群	p53	骨軟部肉腫	乳がん, 急性白血病, 脳腫瘍, 副腎皮質腫瘍
遺伝性黒色腫	XPA, XPV(亜群), XPB-XPG など	皮膚がん	膵がん
ウィルムス腫瘍(腎芽腫)	WT-1	泌尿器がん	
遺伝性乳頭状腎細胞がん	MET		
フォン・ヒッペル-リンドウ症候群	VHL	脳腫瘍	網膜血管腫, 小脳・延髄・脊髄の血管芽腫, 腎・膵・肝・副腎などの囊胞・腫瘍
網膜芽細胞腫	Rb	眼のがん	骨肉腫, 肉腫
多発性内分泌腫瘍症(MEN)1型	MEN1	内分泌系(ホルモンを作る臓器)の腫瘍	下垂体・膵ランゲルハンス島・副甲状腺腫瘍または過形成
多発性内分泌腫瘍症(MEN)2型	RET		甲状腺髄様がん, 副甲状腺腫, 褐色細胞腫

8.3　がん化の機構

どんな細胞でも同等にがん化する可能性があるかというと，それは否定することができる．前述のように，「特定の遺伝子に傷が入ったり構造的変化が起こったりすることで，遺伝子の発現パターンが変化」することによって，がん化は始まる．すべての細胞は，遺伝子に変異が入るリスクをもっているが，遺伝子変異が入るリスクが最も大きいのは，細胞分裂(遺伝子の複製)の頻度が高い細胞である．

8.3.1　細胞分裂制御の異常

成人の組織細胞は，細胞ごとに専門化された機能を担っており，ほとんどが分化していて，自己複製能を失っている．自己複製能を失った組織細胞が，なんらかの原因(怪我や病気)で死滅したり，寿命がきたりすると組織幹細胞が分裂し，分化して失わ

れた組織細胞を補う．正常な状態でも，我々の体を作る細胞は常に入れ替わっている．胃や腸の上皮は1～3日，血液は100～120日，多くの臓器は1ヵ月～1年，骨は2～3年で入れ替わる．成人では，約10^{12}個の細胞が毎日分裂しているとされる．1個の細胞が2個の細胞になる細胞分裂は，遺伝物質の複製，分配，細胞質の分裂の過程を1サイクルとし，このサイクルを細胞周期(cell cycle)とよぶ(1.1節参照)．細胞周期は，遺伝子の状態によりS期，M期，G1期，G2期に分けられる(図8.1)．DNAの複製が起こる時期をS(synthesis)期といい，実際に染色体が現れて有糸分裂が起こる時期をM(mitosis)期という．M期とS期の間にあるギャップ期間をG1期，S期とM期の間をG2期という．細胞周期には，各時期が正常に行われ，次の時期への良好な移行を確認し，異常や不具合がある場合には細胞周期の進行を停止させるチェックポイントとよばれる制御機構がある．細胞周期やチェックポイントでは，多くの因子が制御にかかわっている．これらの因子が，機能を失ったり異常になったりすると，細胞分裂は制御を逸脱してがん化への一歩を踏み出すことになる．

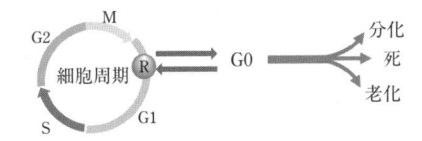

図 8.1 細胞周期.

8.3.2 分化制御の異常

細胞周期から外れた活動停止状態の時期を，G0期とよぶ．G0期とは，単なる静止状態ではなく，分化，老化，死といった細胞の運命決定の分岐点であると考えられている(図8.1)．分化した細胞が不足すると，未分化の組織幹細胞は細胞周期に入り分裂する．この分裂は厳密に制御されているため，必要数に達すると細胞周期を出てG0期に入り，増殖，未分化細胞の機能を停止して，特定の機能をもつ遺伝子の発現を開始して分化する．G0期に入ったり，未分化の機能を停止したりする制御にも，多くの因子が関与している．これらの因子の機能が逸脱することは，やはりがん化への道を踏み出すことにつながる．G1期にあるR点(restriction point)はG1期のチェックポイントで，G0期への入り口と考えられている．がん細胞ではこのRが機能しないために，G0期に入ることなく細胞周期が回り続ける．

8.3.3 遺伝子修復の異常

現在遺伝子変異の確率は，複製ごとに約10^{-6}/遺伝子と見積もられている．つまり

複製が多ければ多いほど,遺伝子に変異が入るリスクも高くなる.ほとんどのがんが,分裂頻度の高い上皮性の細胞に由来している1つの理由は,高い複製頻度にある.複製が正常に行われたかをチェックポイントで確認する作業が行われ,異常が見つかると細胞周期は停止し,修復作業が行われる.異常の種類としては,遺伝子塩基配列が1個から数個の局所的な点変異と,より大規模な変異(挿入,欠損,倍化,反転,転移など)に分類される.局所的な点変異は,直接的な復帰や除去修復機構によって修復される.一方で大規模な変異では,おもに組換え修復機構が使われる.組換え修復機構には,ほぼ相同な塩基配列間で組換えが起こる相同的組換え(homologous recombination)と,全く異なる塩基配列間で起こる非相同的組換え(nonhomologous recombination)がある.修復に失敗すると,正常組織では細胞死(アポトーシス,次項参照)を誘導して,異常な細胞を排除する機構が働く.老化とともに,修復系もチェック機能も排除機構も十分に働かなくなり,異常な細胞が出現する可能性が高くなり,がん細胞になるリスクを上げることになる.

8.3.4 エピジェネティク制御の異常

複製の際に確率的に起こる遺伝子変異に加えて,前述したさまざまな要因によって,さらに遺伝子変異の頻度が上がったり,遺伝子の発現パターンを決めているエピジェネティク制御にも異常が起こったりして,ますます異常な細胞が発生する頻度が高まる.エピジェネティクスは,塩基配列の変化を伴うことなく,DNAへの後天的な修飾により遺伝子発現を制御する機構で,おもに塩基へのメチル化,ヒストンタンパク質の化学修飾(アセチル化,メチル化,リン酸化など)の機構が知られている.前述した分化もエピジェネティク制御を受けて,特定の遺伝子が発現したり抑制されたりする.たとえば,分化して増殖が停止するはずの細胞が,エピジェネティク制御に異常が起こり,増殖を担っている遺伝子群の発現が抑えられない場合は増殖し続け,がん化するということが起こりうる.

8.3.5 アポトーシスの制御異常

アポトーシス(apoptosis)は,「自殺」または「プログラムされた細胞死」と称され,不要となったり生体にとって有害とみなされたりした細胞に,積極的に細胞死を誘導する仕組みである.胎児期に指の間にある水かきが消失する仕組みもアポトーシスで,発生や成人の恒常性の維持に不可欠な仕組みである.細胞死には,おもにネクローシスとアポトーシスがある.ネクローシス(necrosis)は,事故死のような予期せぬ事態に陥った細胞が死ぬ場合の死に方で,細胞は膨張し細胞膜が破れてしまうため,細胞内の酵素などが周りに分散し炎症を引き起こす.一方でアポトーシスは,小胞(アポ

トーシス小体)を形成して，細胞外に細胞内部の酵素などが分散しないような仕組みになっている．さらに，マクロファージを引き寄せてマクロファージ内部で小胞が処理されるため，炎症を引き起こさず，周辺に影響を及ぼさないやさしい死に方である．遺伝子修復の際に修復できなかった細胞や免疫系(8.6.2項)で，異常と認識された細胞を淘汰する仕組みも，アポトーシスが担っている．このアポトーシス機能が低下したり，正しく機能しなかったりすると，生体にとって不都合な細胞が増えて，がん細胞が発生するリスクが高くなる．

8.4 がん化に関連する遺伝子変化

　トリやげっ歯類の細胞は，ヒトの細胞に比べてがん化しやすい性質をもつ．がん化機構に関しても，トリやげっ歯類の細胞を用いる実験から，多くの知見が得られた．げっ歯類では発がんウイルスが多く単離されているが，それはウイルス感染によって短期にがん形質を獲得する細胞を得ることができたからである．発がんウイルスを用いる研究は，がん研究に多くの進歩をもたらした．がん遺伝子の同定も，がんウイルス研究から始まっている．

8.4.1 発がんウイルス

　ウイルスは，ウイルス粒子がもつ核酸の種類によりDNA型とRNA型に分類できる．がんを引き起こすウイルスもDNA型とRNA型がある．ヒトに対して発がん性をもつがんウイルスには，表8.4に示すようなものがある．

　最初に単離されたのはDNA型の発がんウイルスであった．ほぼすべてが，遺伝子発現，とくに転写開始制御にかかわる機能をもつ因子をコードしていたため，遺伝子発現ベクターに応用され，分子生物学の発展に寄与してきた．画期的な発見は，RNA型のレトロウイルスによってもたらされた．レトロウイルスは，自らコードしている逆転写酵素でウイルスゲノムをDNAに変換して，宿主のゲノムに組み込んで，宿主の機構を利用してウイルスゲノムを増やす．また組み込まれたウイルスゲノムは，世

表8.4　ヒトに発がん性を示すウイルスとがんの種類

核酸	ウイルス	がん
DNA型	ヒトパピローマウイルス16,18型	子宮頸がん
	EBウイルス	バーキットリンパ腫
	B型肝炎ウイルス	肝がん
RNA型	C型肝炎ウイルス	肝がん(RNAウイルス)
	ヒトT細胞白血病ウイルス	成人T細胞白血病

代を超えて受け継がれることが知られている．あるマウスの白血病細胞から単離されたウイルスはレトロウイルスで，感染すると高頻度にがんを引き起こした．このウイルスがコードしている遺伝子を解析したところ，驚いたことに，がん化に関係していた遺伝子の起源は宿主に由来したもので，多くが遺伝子の構造的変異を有していた．DNA型のウイルスがコードしている遺伝子産物は，宿主細胞とは全く関連がなく，相同性があるものも見つかっていなかったため，この発見は細胞ががん化する機構を解明するうえできわめて大きな発見として，1989年，J. M. Bishop, H. E. Varmus にノーベル医学生理学賞が贈られている．

8.4.2 がん遺伝子

正常な細胞にがん形質をもたらす遺伝子を，がん遺伝子という．最初に発見されたがん遺伝子は v-src（vはウイルス由来であることを意味する）で，リン酸化酵素活性を有していた．相当する宿主側の遺伝子 c-src（cは細胞由来であることを意味する）の一部が，ウイルスの構造遺伝子産物と融合したタンパク質をコードしており，欠如している部分がリン酸化活性制御ドメインであったため，恒常的にリン酸化活性を有していることが，細胞をがん化させていると理解された．この発見を受けて多くのレトロウイルス遺伝子が解析されたが，v-onc（ウイルスゲノムにあるがん遺伝子）は，いずれも c-onc（細胞由来のがん遺伝子）の一部が欠損したり，変異が入ったりしていることがわかった．がん化は正常な細胞の遺伝子機能が制御不能になって引き起こされるという考え方が定着した．これを受けて，ウイルス感染以外でがん化した細胞からゲノムを取り出して正常細胞に強制発現させ，c-onc を同定するというがん遺伝子ハンティングが始まった．分子生物学が飛躍的に発展した時期とも重なり，ゲノム時代を象徴する国際的な巨大プロジェクトとなった．そのようにして集まった c-onc のリスト（表8.5）からわかったことは，c-onc は細胞の恒常性を維持するうえで必要不可欠な遺伝子であるということであった．とくに増殖シグナル伝達に関与する因子や細胞周期を制御する多くの因子が同定され，これらの研究の推進に多大な貢献をした．

8.4.3 がん抑制遺伝子

がん抑制遺伝子は，発がん遺伝子の機能を抑制する因子をコードしており，がん化のブレーキの役割を果たしている．がん抑制遺伝子として最初の同定されたのは *p53* であった．がん遺伝子としてクローニングされた *p53* であったが，その機能をいくら調べても，細胞をがん化させるような機能が見つからなかった．結局 *p53* 遺伝子の本来の機能は，細胞ががんにならないように抑制的に働いており，*p53* で起こった変異は，このブレーキを壊すことで細胞をがん化させていたことがわかった．それ以

8.4 がん化に関連する遺伝子変化

表 8.5 がん遺伝子

がん遺伝子名	機能・活性	関連がん
abl	チロシンキナーゼ活性をもち，がんの増殖を亢進する	慢性骨髄性白血病
Af4/hrx	Af4 が hrx に融合することで転写因子・メチル基転移酵素 hrx の機能を脱制御．hrx は別名 MLL, ALL1, HTRX1 ともいう	急性白血病
bcl-2, 3, 6	プログラム細胞死（アポトーシス）の阻害	B 細胞白血病
bcr/abl	bcr と abl にコードされているタンパク質の融合による細胞増殖の脱制御	慢性骨髄性白血病，急性白血病
c-myc	DNA 合成や細胞増殖を誘導する転写因子	白血病，乳がん，胃がん，肺がん，子宮頸がん，大腸がん，神経芽細胞腫，神経膠芽細胞腫
dbl	グアニンヌクレオチド交換因子	B 細胞白血病
egfr	チロシンリン酸化酵素活性をもつ細胞表面受容体で，細胞増殖を誘導する	扁平上皮癌
erbB		扁平上皮癌，神経膠芽細胞腫
erbB-2/HER2/neu	チロシンリン酸化酵素活性をもつ細胞表面受容体で，細胞増殖を誘導する	乳がん，唾液腺腫瘍，子宮がん
ets-1	転写因子	白血病
fms	チロシンリン酸化酵素	肉腫
fos	API に対する転写因子	骨肉腫
fps	チロシンリン酸化酵素	肉腫
gli	転写因子	神経膠芽細胞腫
gsp	膜結合型 G タンパク質	甲状腺がん
hst	線維芽細胞増殖因子をコードしている	扁平上皮癌，乳がん
IL-3	細胞シグナル伝達因子	急性前 B 細胞白血病
int-2	線維芽細胞増殖因子をコードしている	扁平上皮癌，乳がん
jun	API に対する転写因子	肉腫
kit	チロシンリン酸化酵素	肉腫
KS3	ヘルペスウイルスにコードされている増殖因子	カポシ肉腫
K-sam	線維芽細胞増殖因子受容体	胃がん
Lbc	グアニンヌクレオチド交換因子	骨髄性白血病
lck	チロシンリン酸化酵素	T 細胞白血病
lmo1, lmo2	転写因子	T 細胞白血病
L-myc	転写因子	肺がん
lyl-1	転写因子	急性 T 細胞白血病
lyt-10/NFκB2	転写因子	B 細胞白血病
mos	Ser/thr リン酸化酵素	肺がん
N-myc	DNA 合成や細胞増殖を誘導する転写因子	神経芽細胞腫，神経膠芽細胞腫，肺がん
PRAD-1	細胞周期因子サイクリン D1 をコードしている	扁平上皮癌，乳がん
raf	Ser/thr リン酸化酵素	さまざまながん種
RAR/PML	レチノイン酸受容体．t(15：17) の転座による融合タンパク質	急性前骨髄球性白血病
rasH	G タンパク質シグナル伝達	膀胱がん

（続く）

がん遺伝子名	機能・活性	関連がん
rasK	Gタンパク質シグナル伝達	肺がん, 子宮がん, 膀胱がん
rasN	Gタンパク質シグナル伝達	乳がん
ret	細胞表面受容体, チロシンキナーゼ	甲状腺がん, 多内分泌腺腫瘍2型
ros	チロシンリン酸化酵素	肉腫
ski	転写因子	肉腫
sis	増殖因子	神経膠腫, 線維肉腫
src	チロシンリン酸化酵素	肉腫
trk	受容体チロシンリン酸化酵素	大腸がん, 甲状腺がん

来, がん化を推進するアクセル機能を有するがん遺伝子と対比して, がん抑制遺伝子として新たな遺伝子群が同定なされるようになった. 表8.6に示すように, 遺伝性の大腸がん, 遺伝性の乳がん・卵巣がん, 多発性内分泌腺腫症1型などは, 特定のがん抑制遺伝子の変異が認められており, 診断に使われている.

表8.6 がん抑制遺伝子

遺伝子名	おもな機能	関連するがん
APC	β-カテニン結合	家族性大腸腺腫症
BRCA1	転写因子	家族性乳がん
BRCA2	転写因子	家族性乳がん
CHEK2	細胞周期調節	家族性乳がん
DCC	N-CAM様タンパク質	大腸がん
DPC4(SMAD4)	転写因子	若年性ポリポーシス, 膵がん
Maspin	セリンプロテアーゼ阻害	乳がん
MSH2	ミスマッチ修復	遺伝性非腺腫性大腸がん
MLH1	ミスマッチ修復	遺伝性非腺腫性大腸がん
NF1	GTPアーゼ活性化	神経線維腫症1型
NF2	細胞骨格結合	神経線維腫症2型
PMS2	ミスマッチ修復	遺伝性非腺腫性大腸がん
PTC	Shh受容体	ゴーリン(Gorlin)症候群, 基底細胞がん
PTEN	ホスファターゼ	カウデン(Cowden)病, 神経膠芽腫
p16	サイクリン依存性キナーゼ阻害	悪性黒色腫
p57KIP2	細胞周期調節	ベックウィズ・ヴィーデマン(Beckwith-Wiedemann)症候群
p53	転写因子	リー・フラウメニ(Li-Fraumeni)症候群
p73	転写因子	乳がん, 卵巣がん
RB	細胞周期調節	網膜芽細胞腫
SDHD	ミトコンドリア膜タンパク質	傍神経節腫
VHL	転写伸長調節	フォン・ヒッペル・リンドウ(von Hippel-Lindau)病, 腎がん
WT1	転写因子	ウィルムス腫瘍

8.4.4 多段階発がん

　げっ歯類の細胞を用いて行われたがん形質の獲得を指標とした初期の研究では，正常組織細胞のがん化は2段階で起こるとされた．第1段階は「不死化」であり，*c-myc* や *p53* といった遺伝子が必要であるとされた．8.5節で述べるがん細胞の性質のうち「自己複製能」と同意であり，未分化能を維持するための遺伝子群が関与していると考えられる．不死化した細胞は NIH3T3 細胞のように，いつまでも培養することができるが，がん形質を示さないため「正常細胞」として扱われている．第2段階は「形質転換」で，がん形質を獲得するため *src*, *ras* など表 8.5 に示したほとんどのがん遺伝子が形質転換を引き起こす．つまり，げっ歯類の細胞を用いる場合には，最低2つの遺伝子を導入することにより，正常細胞をがん化させることが可能である．一方で，ヒトの細胞を遺伝子導入でがん化させることはきわめて困難である．その理由はまだ解明されていないが，げっ歯類よりも寿命の長いヒト細胞では，細胞自体にもがん化に対して巧妙な防御機構が働いていると考えられる．がん遺伝子やがん抑制遺伝子への変異が蓄積されることで，その防御機構が破られ，がん細胞へと変化していくと考えられている．生体内でのがん化(8.6節参照)では，それが数年から数十年かかって進行していく．

8.5　がん細胞の特性

　それでは，がん細胞とはどういう細胞だろうか．がん細胞がもつ正常な細胞と根本的に異なる性質は，「自己複製能」と「未分化能の維持」がある．がん細胞の自己複製能は不死化と同意で，条件さえ整っていれば，いつまででも増殖し続けることができる能力をもっている．最近話題になった HeLa 細胞は，1951年に子宮がんの患者から単離され，現在に至るまで世界中で汎用されているがん細胞である．

8.5.1 培養における増殖特性

　ここでは，細胞培養においてみられるがん化(がん形質獲得)について述べる．がん細胞の形はさまざまで，一見すると正常細胞と見分けがつかないものもあるが，多くは分裂の際の秩序や方向性が失われているため，図8.2に示す正常細胞のように，規則正しく敷石状に並ぶことはない．多くは形も不均一で，細長くなったり丸くなったりする．がん細胞は，軟寒天のような柔らかい培地に浮かせた状態でも増えることができ，「足場非依存性増殖能」を獲得しているという．この足場非依存性増殖能の獲得は，造腫瘍性(免疫不全マウスに移植したときに腫瘍を形成できる能力)と相関性が高

	正常細胞	がん細胞
形態	均一で平面的	不均一・不定形で立体的
足場依存性増殖	依存性	非依存性
接触阻止	あり	なし
栄養要求性	低い	高い
糖代謝	有酸素糖代謝	おもに解糖系糖代謝

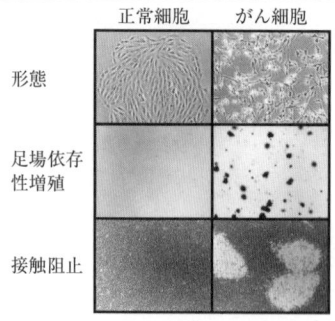

図 8.2 培養における正常細胞とがん細胞の増殖特性.

い.また,正常細胞が隣の細胞と接触する状態では分裂しない(「接触阻止」がかかる)のに対して,がん細胞は重なり合った状態でも増え続けることができる.その性質を利用して,発がん性のあるウイルス数の計測が可能である.発がんウイルスが入った試料を段階希釈して,培養している正常細胞培養液に添加し,細胞が隣の細胞と接触する接触阻止状態で培養し続けると,発がんウイルスが感染してがん化した細胞のみが重なり合って2層,3層と増えるため,目視できるほどの塊(フォーカス)が形成される(図 8.2).その数を数えることで,試料中に含まれる発がんウイルスの数を算出することができる.

8.5.2　解糖系代謝の亢進

急速に増殖するがん細胞の代謝調節は,成体のほとんどの正常組織とは異なっている.最も顕著な特徴は,1930 年代に O. Warburg が提唱したワールブルク効果である.つまり多くのがん細胞は,ミトコンドリアにおける TCA 回路や酸化的リン酸化による ATP 産生が抑制されており,おもに細胞質での解糖系によってエネルギーを産生する(図 8.3).グルコース 1 分子から得られる ATP は,TCA 回路や酸化的リン酸化のほうが圧倒的に多いにもかかわらず,がん細胞が解糖系によって ATP を産生している.その理由は,細胞質に解糖系の酵素が多く存在しているために,TCA 回路や酸化的リン酸化を使うよりもより早く ATP が産生できるためであると考えられている.また解糖系の律速酵素ピルビン酸キナーゼ(PK)が,正常細胞のもつ M1 型アイソフォームではなく,M2(胎仔)型酵素 PKM2 となっており,PKM2 が腫瘍形成を促

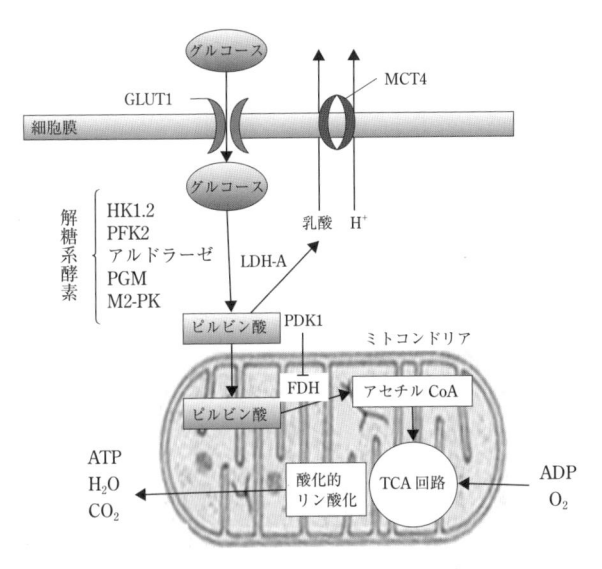

図 8.3 解糖系代謝によるエネルギー産生.

進し，細胞の代謝を切り替えて乳酸生成を増加させ，酸素消費を低下させていることも報告されている．ATP 産生効率の悪い解糖系で ATP を多く産生するがん細胞は，結果的にグルコースの消費が正常組織に比べて多くなり，より多くのグルコースを細胞内に取り込む必要がある．この現象を利用してがんを検出する診断方法が，FDG-PET（フルオロデオキシグルコース－ポジトロン断層法）とよばれる方法である（図8.4）．FDG はグルコース類似物質で，グルコースと同様に細胞に取り込まれるが，解糖系で代謝されずに細胞内に蓄積される．この FDG を F18 という放射線各種で標識しておくと，がん細胞に放射線が蓄積されるため，陽電子検出を利用するコンピュー

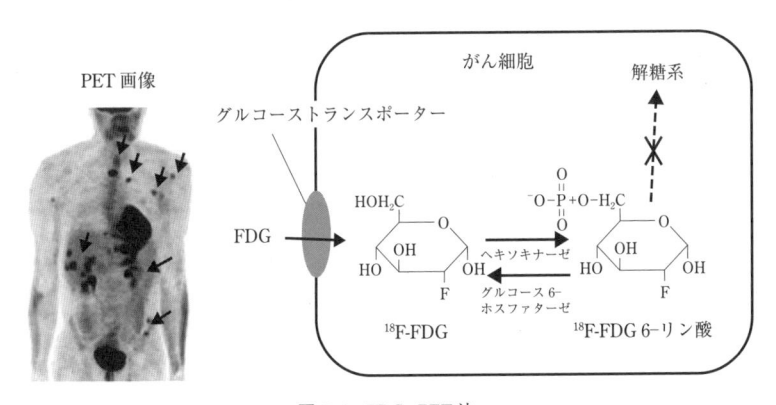

図 8.4 FDG-PET 法.

ター断層撮影技術を用いて放射線を画像化すると，がん(矢印部分)を検出することができる(図 8.4).

8.5.3 脱分化

がん細胞では，もとの細胞がもっていた分化した機能が脱落し，分化機能を担っていた分化型酵素が低下あるいは消失したりする脱分化が起こる．複数の一次構造の異なる酵素タンパク質が同一種類の反応を触媒するとき，これらの酵素群をアイソザイム(isozyme)といい，それぞれ異なる遺伝子にコードされ，その発現の調節機構も互いに異なっている．がん細胞では脱分化に伴い，PKM2 のように分化型酵素に代わって，胎児期に一時的に発現する胎児型酵素が出現したり，別の型のアイソザイムが出現したりするなどの分化の異常(脱分化)が起こることが観察されている．このような変異の結果，ホルモンや栄養条件などの外界の環境変化に応答して機能する分化型酵素に制御されず，自律増殖に適した代謝を行えるように変化していると考えられる．

脱分化は自己増殖能とも深くかかわっている．一般に，分化した細胞は増殖能を失って，専門的な役割のみを一定期間遂行すると役割を終える．したがって，より未分化な状態を維持することが，自己増殖を続けるための条件になる(図 8.1 参照)．iPS 細胞(induced pluripotent stem cell，人工多能性幹細胞)は，未分化な状態を維持する機能を有する複数の遺伝子を，成人の組織細胞に強制的に発現させることで未分化な状態に戻し，多分化能を付与した細胞である(10.2 節参照)．現時点で iPS 細胞の最大の問題は，がん化する可能性があることである．

8.5.4 がん化シグナル

細胞ががん化する過程では，複数の遺伝子の変異が多段階に起こり，がん遺伝子の活性化およびがん抑制遺伝子の不活性化などにより，増殖シグナルの制御が逸脱した状況が持続的に起こることで，細胞はがん化すると考えられている．とくに研究が進んでいるのは，チロシンキナーゼ型(チロシンをリン酸化する機能を有する)受容体を介するシグナル伝達経路で，これまでに報告されているがん遺伝子には，チロシンキナーゼ型受容体からのシグナルを核に伝えるシグナル伝達因子が変異したものが，多く報告されている．培養細胞による実験では，上皮成長因子(EGF)に対する受容体を過剰発現させた細胞に EGF を作用させることで，EGF 依存的にがん形質を獲得することが報告されている．つまり，がん形質の獲得は不可逆的なものではなく，がん形質を維持するためには，持続的ながん化シグナルが必要であることを示している．実際に，多くの臨床がんでも，チロシンキナーゼ型受容体を介するシグナルが活性化していることが確認されている．そのシグナルを抑える分子標的薬(特定の分子に作用

してその機能を阻害する薬剤)を用いたがん治療が有効であることが，報告されている．

8.6　生体レベルでのがん化

　正常な成人では，さまざまな要因によって，常に異常な細胞が作られている．しかし，年齢が若く，免疫系が正常に機能している場合は，異常な細胞を認識して淘汰したり，修復したりする機能が働くため，がんにならず正常な状態を維持できる．年齢が増すにつれて，免疫系や修復系の機能が低下してくると，異常な細胞が少しずつ蓄積され，その中からがんになるものが出てくる．それゆえ，寿命が延びることとがんになることには深いかかわりがあるということになる．この項では，おもに固形がんにおけるがん細胞増殖，悪性化にかかわる現象について概説する．

8.6.1　がんという組織

　がんはもともと，1個の異常な細胞が無秩序に増殖することによって作られる．培養実験に用いられているがん細胞はほぼ均一であるが，生体内に存在するがんは均一な細胞集団でできたかたまりではない．ある一定の大きさになると，栄養や酸素は受動的な拡散では得られなくなる．血管から供給される酸素や栄養が受動的な拡散で届く範囲は，たかだか $100\,\mu m$ 程度である(図8.5)．したがって，それ以上の大きさに増える場合は，血管を呼び込み酸素や栄養を確保する必要が出てくる．また，がん細胞の結合状態を維持するためには，がん細胞間のすきまを埋める支持細胞が必要とな

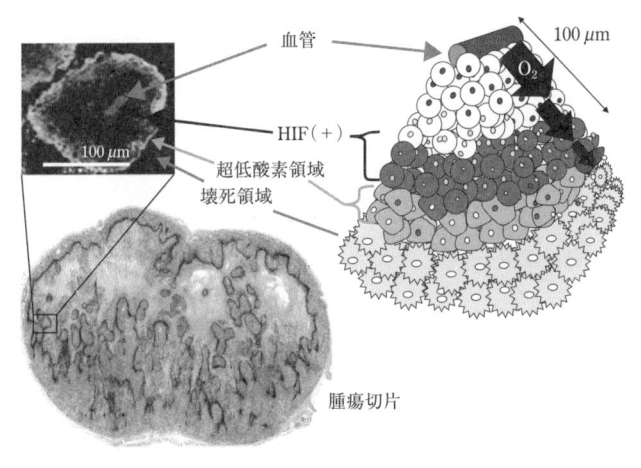

図 8.5　がん組織．

る．実際に形成されたがんにおいて，がん細胞は全体の30〜60％を占めるにとどまり，間質性の支質細胞，血球系細胞，腫瘍血管，リンパ管などを構成する多種多様の細胞が集まって，がんが作られている．まさに「新しい組織」が特定の組織内に構築されることになる．がんが「新生物」と称される理由である．また，がん細胞自体も均一な細胞集団ではなく，次項以降に述べるように，複雑な微小環境の影響を受け，さまざまな性質をもつ不均一ながん細胞集団となる．

8.6.2 免疫とがん

非自己を認識して攻撃する防御機構を，免疫という．外来性の微生物や非自己の細胞などが体内に侵入すると，液性免疫や細胞性免疫が，非自己を破壊し処理しようとする．一度侵入した非自己は記憶され，2回めに侵入した際に，より迅速に攻撃できるような仕組みが作られる．免疫系は，恒常性を維持するうえできわめて重要な機能を果たしている．免疫機能が低下することが，がんが増殖する原因になっていると考えられている．そのため，がん細胞に対する免疫機能を高めることで，がんを治療するさまざまな試み（免疫療法）がなされている．

直接あるいは間接的に自己の免疫力を高めてがんの進展を抑制する非特異的免疫賦活療法は，1980年代まで免疫治療の中心となったが，多くは当初期待されたほどの効果をあげることができないだけでなく，非特異的に活性化された免疫反応に起因する自己免疫疾患など副作用の懸念もあって，現在ではほとんど行われていない．免疫系を人為的に制御するのはきわめてむずかしいことが，あらためて認識された．1990年代から，がん特異的免疫のみを賦活するがん特異的免疫賦活療法が行われ，すぐれた臨床成績を残している．がん特異的免疫賦活療法では，患者の末梢血より分離したリンパ球を，がん抗原ペプチドとともにリンパ球活性化物質（サイトカイン）を添加し，活性化した自己の免疫細胞（リンパ球）を再び体内に戻すことによって免疫力を向上させ，がんの進行抑制をはかる．また，がん細胞に過剰に発現したり，変異したりしている分子に対する抗体（抗体製剤）を用いる分子標的治療も，大きな効果を上げており，免疫を利用するがん治療法の開発に注目が集まっている．

8.6.3 がんの微小環境

がんの微小環境は，低酸素，低pH，低ブドウ糖濃度などにより特徴づけられる．がん細胞の無秩序な増殖が，きわめて不規則な血管新生を引き起こす．腫瘍血管は無秩序に分布しており，構造的・機能的異常を有する．たとえば，不規則な分枝，血管の階層構造の損失，内膜の欠損，血管透過性の向上，および高頻度の動静脈シャント（接合部）形成が起こり，血液は滞留したり逆流したりする．したがって，腫瘍血管

周辺の細胞の酸素濃度は，時間的・空間的に大きく変動する間欠性低酸素状態(intermittent hypoxia)になり，高頻度に活性酸素による酸化ストレスにさらされることになる．また，慢性的な低酸素状態(chronic hypoxia)も生じる．腫瘍内はこのような過酷な環境にあり，遺伝子変異も高頻度に起こりうる．血管から供給される酸素や栄養が細胞を維持できるのは 100 μm 前後で，それ以上血管からの距離が離れた位置にあるがん細胞は虚血状態にあり，さらに距離が離れると細胞は壊死してしまう(図 8.5)．この壊死細胞に隣接する低酸素がん細胞が，実はがんの悪性に深くかかわっていることが，最近の研究からわかってきた．低酸素がん細胞は，その劣悪な環境に適応しようと努力している．その努力の一翼を担っているのが，低酸素応答転写因子として単離された(hypoxia-inducible factor, HIF)である．HIF は低酸素条件下で速やかに活性化され，解糖系代謝や糖輸送に関与する遺伝子の発現を誘導したり，血管新生因子や増殖因子の発現を促進したりして，栄養環境の改善をはかる．アポトーシスの回避や遺伝子変異を誘導する遺伝子の発現を促して，死を免れようとする．その一方で，転移や浸潤にかかわる遺伝子の発現を誘導して，自ら新天地を切り開こうとする．このような一連の生き残りのための行動が，がん全体の悪性化につながっているのである．正常組織では，低酸素環境への順応を促し，低酸素から細胞を守るはずの HIF の機能も，ここではがん細胞の悪性化や治療抵抗性に貢献している．

8.6.4 低酸素がん細胞の治療抵抗性

　低酸素領域の構造的な要因で，低酸素がん細胞はがん治療に対して抵抗性である．血流に乗って運ばれる抗がん剤は，血管から遠い低酸素がん細胞までは効率よく運ばれないため，治療に有効な濃度に達する機会が少ない．また多くの抗がん剤は，分裂している細胞を標的にしているが，低酸素がん細胞では増殖が抑制されている場合が多く，多くの抗がん剤が有効に作用しない．さらに，酸素により DNA 損傷効果が増強される(酸素効果)放射線や一部の抗がん剤は，低酸素条件下ではその治療効果が十分に発揮できない．したがって，放射線や抗がん剤治療のあとに周辺の活発に分裂していたがん細胞が死滅しても，低酸素がん細胞は生き残る場合があり，治療不良，再発の原因となる．

　腫瘍内の pH が低いことも，治療不良の原因となっている．がん細胞ではおもに解糖系で糖代謝が行われ(8.5.2 参照)，ミトコンドリアでの代謝が抑制されると同時に，乳酸の産生が促進されるため，細胞内外の pH が下がる．そのため，一部の薬剤(塩基性薬剤)の効果が低下する．

　薬剤排出の促進が，治療不良の原因となっていることも報告されている．*MDR1/ABCB1* 遺伝子は，12 回膜貫通型の糖タンパク質(P-glycoprotein, P-gp)をコードして

おり，おもに腸，肺，腎臓の近位尿細管，血液脳関門の毛細血管内皮細胞に発現している．P-gp は，アデノシン 5′-三リン酸(ATP)のエネルギー依存的に疎水性化合物の細胞外排出を行う ABC トランスポーターで，がん細胞で P-gp による薬物排出が亢進するため，抗がん剤の効果が低下する．低酸素誘導因子 HIF が活性化している細胞では(8.7 節参照)，P-gp が多く発現し薬剤を排出するため，薬剤効果が得られにくくなる．

8.6.5 幹細胞様がん細胞

全能性を有する ES 細胞(胚性幹細胞，embryonic stem cell)が体内で育まれる環境は，3 〜 5％の酸素濃度であり，臓器の中でも比較的酸素分圧が低い．ES 細胞のみでなくその他の組織幹細胞も，1 〜 8％の比較的低酸素環境(stem cell niche)に存在するとされる．低酸素環境が幹細胞様形質の維持に必須とされる根拠は，おもに 2 つあげられる．まず，低酸素状態では活性酸素(reactive oxygen species, ROS)による酸化ストレスを受けにくい．つまり遺伝子が傷つきにくく，遺伝子変異の蓄積が起こりにくい．組織幹細胞が遺伝情報を正しく維持するために，低酸素環境に巣くっているという説は，論理的で受け入れやすい．次に，多分化能を維持するのに必要な因子，たとえば Oct4, Nanog, Sox2 などの幹細胞マーカー(stem cell marker)や Notch シグナル因子の発現に，HIF の機能が関与しているためである．

がん細胞においては，低酸素環境は悪性度を増した細胞が選別される場である．多分化能を維持するのに必要な因子も活性化されるため，がん細胞は脱分化する．未分化な細胞のゲノムでは，エピジェネティクな修飾が変化し，より多くの遺伝子が発現可能な状況にある．そのため，遺伝子変異を受けた遺伝子から異常なタンパク質が発現する頻度も高く，異常な遺伝子産物の機能により，細胞の性質を大きく変えてしまったり，致死的になったりしやすい．このような環境に順応する変化を獲得した細胞だけが生き延びることができる．すなわち，より悪性度の高いがんが選別されていくことになる．

8.7 低酸素とがんの分子生物学

1992 年に G. L. Semenza と G. L. Wang によって低酸素応答転写因子 HIF-1 の存在が報告され，1995 年に単離・精製されて以来，低酸素環境下にある細胞応答の分子レベルでの研究が加速度的に進み，HIF-1 の機能とがんとのかかわりが次々に明らかになってきた．HIF-1 によって，直接発現が誘導される遺伝子の同定が盛んに行われ，現在までにすでに 200 以上が報告されている．これらの遺伝子は，遺伝子発現制御領

域に HIF-1 結合配列 (hypoxia response element, HRE) をもっている. HRE はエンハンサーとして機能し, HRE に結合した HIF-1 が p300/CBP とユニットを作って転写を促す. その後, HIF-1α と相同性の高い分子 (アイソフォーム) として HIF-2α, HIF-3α が同定され, β サブユニットとヘテロダイマーを形成して, HIF-1, HIF-2, HIF-3 として低酸素誘導転写因子と機能していることがわかった. これらの低酸素誘導転写因子 HIF 間では, 機能的にも役割分担がなされていることもわかってきた. ここでは, これらの低酸素誘導転写因子 HIF の低酸素環境におけるがんの機能について概説する.

8.7.1 低酸素誘導因子 HIF

HIF は, α, β の異なる 2 つのサブユニットからなる (図 8.6). α サブユニット (HIFα) は恒常的に転写されているが, HIFα の発現量は翻訳後修飾と翻訳レベルで厳密に制御されている. したがって, HIF の活性は HIFβ に結合できる HIFα がどのくらい存在するかに依存している. HIFα の翻訳後修飾による制御は, 酸素依存的なプロリン水酸化酵素 (PDH) によって主になされているが, 腫瘍によっては, p53-Mdm2 による制御も報告されている. 転写活性制御は, 酸素依存的なアスパラギン酸水酸化酵素 (FIH) による抑制と, MAP キナーゼ (mitogen-activated protein kinase) を介する活性化が知られている. 翻訳レベルの制御は酸素非依存的で, 増殖因子などによるホスホファチジルイノシトール 3-キナーゼ (PI3K) や MAP キナーゼを介するシグナル伝達系の活性化が, 関与している.

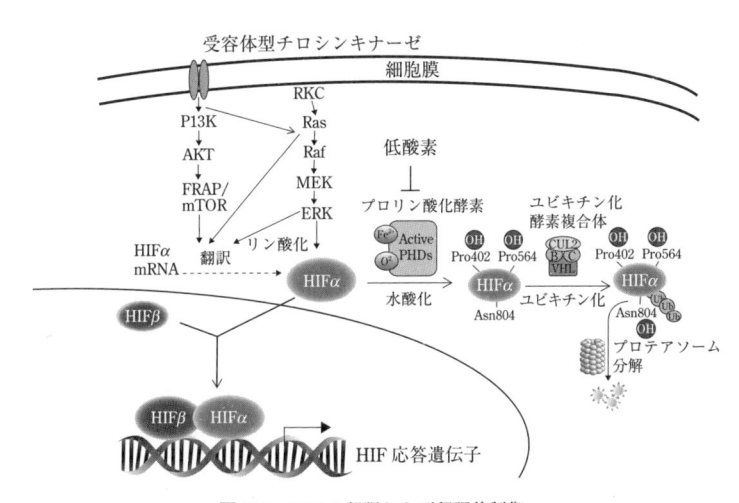

図 8.6 HIF の翻訳および翻訳後制御.

8.7.2 プロリン水酸化酵素を介するHIFαタンパク質制御

HIFαが有酸素状態の細胞内で分解される機構は，2002年にPHDがクローニングされることによって，ほぼ全容が解明された．有酸素状態の細胞内では，HIF-1αの402と564番めのプロリン残基がPHDにより翻訳後修飾を受け，目印がつけられる．この目印をめがけて，E3ユビキチン-リガーゼ複合体がVHL（von Hippel-Lindau）タンパク質を介して結合することで，HIF-1αはユビキチン化されプロテアゾームで分解される（図8.6）．すなわち，有酸素状態の細胞（通常の酸素状態にある細胞）では，HIF-1αタンパク質は常に作られ即時に壊されるという不経済なタンパク質ではあるが，細胞が低酸素などのストレス状態になった場合に，即座に対応できるように準備されているSOS的な存在であると考えられる．PHDはヒトでは3遺伝子がクローニングされており，有酸素状態の細胞でおもにHIF-1αの分解を担当しているのはPHD2である．PHDの機能は酸素濃度依存的であるが，必ずしも絶対酸素濃度により決定されているわけではない．ヒトの組織の酸素濃度は，おのおの至適酸素濃度がある．たとえば，通常の酸素濃度が20％に近い組織では，5％にまで酸素濃度が下がるとHIF-1αの発現が確認できるようになる一方で，通常の酸素濃度が5％程度の組織では，その濃度でもHIF-1αの発現が認められない．PHDの機能は酸素と鉄により活性化されるが，おのおのの組織細胞において，至適酸素濃度を感知して機能制御する仕組みがあると考えられる．

8.7.3 HIF-1の翻訳レベル制御

EGFRやPDGFRなどのチロシンキナーゼ受容体および下流のシグナル伝達因子は，がん遺伝子として同定されているものが多く，ヒト腫瘍におけるこれらの因子の変異や過剰発現は珍しくない．そのような腫瘍でHIF-1αの転写が促進され，HIF-1活性が上昇したという報告が多数ある．たとえば，PTENの変異体の消失によるPI3K-AKT-mTORを介するシグナルの亢進や，*Ras*や*Raf*がん遺伝子の変異によるRaf-MEK-MAPKシグナル亢進が，HIF-1の翻訳レベルを上昇させる（図8.6）．HIF-1αの翻訳レベル制御が翻訳後修飾と異なる点は，酸素非依存的であることに加えて，細胞特異性があることである．この細胞特異性は，HIF-1αの転写を促進するPI3K-AKT-mTORやRAF-MEK-MAPKのシグナル伝達系を活性化する条件，つまり増殖因子やサイトカイン，その他の活性化因子の量やがん遺伝子の活性化の状態に依存していると考えられる．HIF-1αの転写が亢進されることによって，上記の酸素依存的分解を上回る量のHIF-1αタンパク質が細胞内に存在すると，有酸素状態の細胞でもHIF-1転写活性が見られるようになり，がんの悪性化に関与する遺伝子の発現が誘導される．

8.7.4 糖代謝とHIF

糖代謝では，まずグルコーストランスポーターによって取り込まれた糖が，解糖系によりピルビン酸に代謝される．この過程は酸素を必要としない．ピルビン酸はミトコンドリアに運ばれ，TCA回路でさらに代謝され，酸化的リン酸化を受けて二酸化炭素と水へと分解される．ミトコンドリアでの代謝過程は酸素を必要とし，多くのATPを産生する．グルコーストランスポーターGLUT-1や解糖系代謝酵素の多くがHIFにより制御されている(図8.3参照)．また，解糖系の最終産物であるピルビン酸がミトコンドリアに入り，TCA回路・酸化的リン酸化を行う経路に入るのであるが，その最初の段階であるピルビン酸からアセチルCoAへの変換を媒介しているピルビン酸デヒドロゲナーゼ(PDH)は，HIF-1により発現制御されているPDK1(PDHキナーゼ1)により抑制される．したがって，HIF-1が活性化している細胞では，ピルビン酸は細胞質に蓄積することになるが，ピルビン酸を乳酸に変換する酵素である乳酸デヒドロゲナーゼ(LDH-A)もHIF-1によって発現誘導されるため，乳酸の産生が進むことになる．ワールブルク効果(8.5.2)の一翼を，HIF-1が担っているわけである．

8.7.5 治療抵抗性とHIF

放射線は，直接的，間接的に細胞のDNAに傷をつけることにより，がん細胞を死滅させる効果がある．腫瘍血管細胞にも同様な効果を及ぼし，血管構造の破壊することで，放射線治療後に生き残ったがん細胞の生命線を絶つことによる影響も大きい．相当高い線量の放射線を当てないと，腫瘍内の細胞(有酸素領域でも)すべてに致死的なDNA損傷を与えることは不可能である．しかし，腫瘍血管の一部が破損すれば，そこから先の細胞に栄養や酸素を届けることができなくなる．生命線を断たれて孤立した領域の細胞は，そのままでは死滅することになる．ここで，孤立した領域の細胞からHIFによって発現誘導される，血管内皮細胞増殖因子(VEGF)，ストロマ細胞由来因子1(SDF-1)，胎盤増殖因子(PLGF)，アンギオポエチン(ANGPT)1，ANGTT2，血小板由来成長因子B(PDGFB)，プラスミノーゲン活性化因子インヒビター1(PAI-1)などの血管新生因子が放出され，新たな生命線の構築がはかられる．生命線を確保した領域のがんは増殖を開始し，再発に至る．結果として，HIFの発現が放射線治療効果を下げていることになる．動物実験では，照射線量や照射する腫瘍組織によっても多少異なるが，照射後2～4日後にHIFの活性上昇が観察される．このHIFの活性を抑えることで，血管新生を抑え，長期にわたり腫瘍増殖を抑制することができる．

HIFによって誘導される薬剤耐性遺伝子の代表的なものに，*MDR1/ABCB1*遺伝子がある．*MDR1/ABCB1*遺伝子にコードされているABCトランスポーター(8.6.4)は，

がん細胞が，取り込んだ抗がん剤を細胞外に放出して，薬剤効果を下げてしまう．多くの抗がん剤が遺伝子複製を行っている細胞を標的にしているが，HIF は増殖を抑制する作用がある．また，HIF によるアポトーシス抑制が，多くの抗がん剤によるがん細胞の抵抗性機構の 1 つとしてあげられている．多くの抗がん剤が，がん細胞のアポトーシスを誘導するが，HIF-1 はミトコンドリアの不活化やアポトーシス抑制因子（Bak, BAx, Bcl-xL, Bcl-2, Bid, Mcl-1）を介して，アポトーシスを抑制することが知られている．機構としては，NF-κB を安定化させ，NF-κB により発現誘導される抗アポトーシス因子によりアポトーシスを抑制したり，サービビン（survivin）の発現を誘導したりする．最近では，胃がんの 5-フルオロウラシルによる治療において，DNA 損傷による p53 活性化を介するアポトーシスを HIF-1 が抑えたことが報告されている．

8.7.6　がんの治療標的としての HIF

HIFα の過剰発現が HIF 転写活性の増強につながり，がんの悪性化に関与する遺伝子の発現を誘導し，治療抵抗性を高め，結果的にがんによる死亡率を上げることになる．事実，ヒトがんから採取された生検サンプルを，抗 HIF-1α モノクローナル抗体を用いて免疫染色を行うことで，脳腫瘍，乳がん，中咽頭がん，子宮頸がん，卵巣がん，子宮がんを含む大多数のヒトがんにおいて HIF-1α が過剰発現しており，HIF-1α の過剰発現と患者の死亡率に相関関係があることが報告されている．病理的な解析で進行がんのステージが低くても，HIF-1α の発現が高い場合は，死亡率が高いという報告もある．腫瘍内の HIF-1α の過剰発現を引き起こす要因としては，低酸素，遺伝子変異，増殖因子などがあげられる．したがって，HIF の活性を抑制することで，がんの増殖を抑制し，悪性度を下げることができると考えられる．これまでにさまざまな試みがなされており，動物実験レベルでも，HIF-1 活性を抑えることが抗がん治療に非常に有効であることが報告されている．

がんの原因やがん化の機構，がん細胞の特徴について概説してきたが，がん治療についてはっきりと言えることが 2 つある．1 つは，がん化の原因や発生，増殖，悪性化のどの過程をみても多種多様で，治療につながる決定的な方策がないということである．進行したがんには，決定的な治療法はこれまでに開発されていないし，これからも開発されることは期待できない．つまり，がん患者ごとに最適な治療法を選択するしか方法がないといえる．現時点では，放射線療法，外科的切除，抗がん剤治療，免疫療法が，おもな治療法としてあげられる．いずれも，がんの進行やがんがある組織によって適応が異なり，一長一短がある．いくつかの治療法を組み合わせて，それぞれの治療法の欠点を補う治療方法が，現在主流である．2 人に 1 人ががんにかかる

時代となり，がん治療が医療費に占める割合もきわめて大きく，社会的にも大きな問題となっている．がんを生活習慣病としてとらえ，定期的な診断を受けることで，大半のがんは生命を脅かすことなく治療することが可能であるのも事実である．もう1つ，がん治療についてはっきりと言えることは，早期診断・早期治療が，現在最も確実ながんの治療法であるということである．

9 発生工学を用いる個体レベルでの遺伝子操作とその応用

　この半世紀の間の遺伝子工学技術の著しい発展によって，我々は生命の設計図，つまり遺伝情報を手にすることになった．遺伝子工学技術を組み合わせることで個体レベルでの遺伝子操作を可能にする発生工学は，個々の遺伝子の生体内での機能を明らかにする重要な研究手段となっている．たとえば，標的遺伝子を欠損させて個体レベルでどのような異常が生じるのかを調べ，その遺伝子の機能を明らかにする標的遺伝子ノックアウト法は，その最も代表的な例である．現在では，個体レベルでの遺伝子操作は，単なる「遺伝子機能の解析」のみならず，エンハンサー・プロモーター解析，タンパク質・細胞の可視化，生理活性の測定，特定の細胞の操作，疾病モデル動物作製，疾患遺伝子の相補実験など多岐に渡る．遺伝子操作動物を利用することにより，医学・生物学的に重要な遺伝子とその機能が次々と明らかにされており，個体レベルでの遺伝子操作技術は，現代の医学・生命科学研究の大きな柱の1つとなっている．さまざまな動物種において個体レベルでの遺伝子操作が行われているが，ここではこれまでに発生工学技術発展の中心を担ってきたマウスを例にとり，個体レベルの遺伝子操作技術について学ぶ．

9.1　トランスジェネシス−トランスジェニック動物作製技術

9.1.1　トランスジェニックマウスの作製原理

　ほ乳動物の個体レベルでの遺伝子操作は，1980年代にトランスジェニックマウスの作製技術が確立されてから本格的に始まった．トランスジェニックマウスは，一般的に外来遺伝子（トランスジーン）を受精卵前核に微量注入し，それが染色体に組み込まれた形質転換マウスの総称である．トランスジェニックマウスに限らず，トランスジーンを組込んだ生物の作製技術（トランスジェネシス）は，個体レベルで遺伝子の機

能を解析するという画期的手法となった．遺伝子の機能を個体レベルで解析する方法として，トランスジェニック法は遺伝子ターゲティング法(9.2節)に比べてより安価に，簡便に利用できる手法である．

トランスジーンの基本構造は，プロモーター，cDNA，ポリ(A)付加配列からなる．プロモーターは，全身での発現を目的とするようなユビキタスプロモーターから，細胞・組織特異的また発生時期特異的プロモーターまで，目的に応じて使い分けることができる．近年では，薬剤誘導発現型のプロモーター(9.2.3.B)を利用することで，薬剤投与により遺伝子発現を調節することが可能となっている．またトランスジーンの発現効率を上げる目的で，人工的なイントロンを含めることが多い．

トランスジーンは，制限酵素処理によって直鎖状にし精製したものを，受精卵前核に微量注入する．注入されたトランスジーンはある確率で染色体に組み込まれる．これを偽妊娠メスマウスに卵管内に移植する．生まれてきたマウスにトランスジーンが導入されているかどうかを，サザンブロット法やPCR法によって確認し，トランスジーンをもつマウスは初代として，野生型マウスと掛け合わせて，得られた仔を解析する(図9.1)．

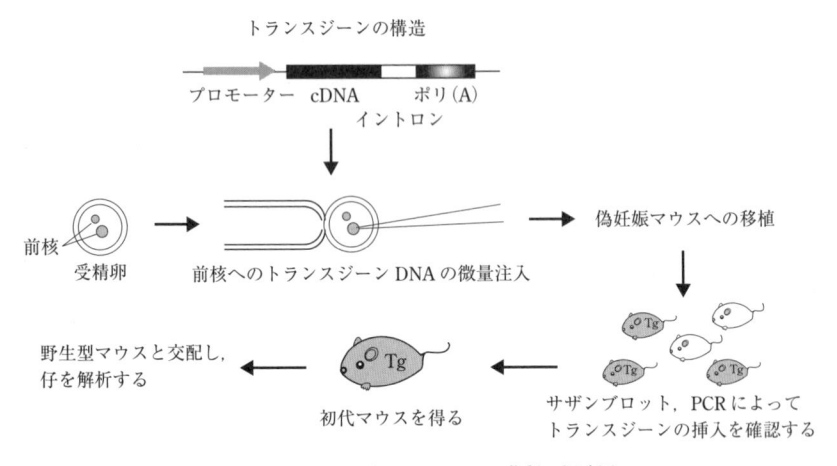

図9.1 トランスジェニックマウス作製の概略図．

9.1.2 トランスジェニックマウスを用いる実験法

トランスジーンは染色体のさまざまな部位に無作為に挿入される．そのため，挿入部位の近傍に存在する他の遺伝子の転写調節配列や染色体構造の影響を受けることがある．たとえば，トランスジーンが自身のプロモーターだけでなく近傍の他の遺伝子の転写調節配列の影響を受けることによって，異所的に発現することがある．逆に遺

伝子の転写がきわめて低い染色体領域に入った場合には，トランスジーンは発現しないこともある．トランスジーンの挿入部位による影響を検証するためにも，1つの対象について複数のトランスジェニックマウスの系統を樹立し，解析するのが一般的である．逆にトランスジーンの無作為な挿入による異所的な発現を期待して，トランスジェニック動物を作出する場合もある．

　トランスジェニック動物を用いる解析法では，おもに2つの異なる遺伝学的解析手法がとられる．1つは機能獲得型(gain-of-function)の変異を導入する方法である．機能獲得型の変異は，遺伝子の過剰発現や異所的発現によって行われる．酵素の恒常活性型変異の導入もこの範ちゅうに入る．つまり，対象とする遺伝子産物の機能を増強させることによって，生じる表現型を解析する．2つめは，機能欠失型(loss-of-function)の変異を導入し，タンパク質の機能を減弱(欠失)させる方法である．一般的に機能欠失型変異では，優性ネガティブ型(dominant negative)の変異を導入する例が多い．優性ネガティブ型の変異の導入は，タンパク質が複合体を形成することによってはじめて機能するような場合に有効である．優性ネガティブ変異体を過剰に発現させることによって，不活性型の複合体を優先的に形成させ，内在性のタンパク質(複合体)の機能を阻害することが可能となる．また，アンチセンスRNAが転写されるようにトランスジーンを設計し，タンパク質への翻訳を阻害することによって機能を減弱させた解析例もある．

9.2　遺伝子ターゲティング—標的遺伝子改変技術

9.2.1　標的遺伝子改変技術の基本原理

　トランスジェネシスは，現在でも簡便で有効な遺伝子操作技術の1つであるが，染色体の特定の部位を標的とした操作が不可能であるという欠点がある．その問題点を解決した方法が，遺伝子ターゲティング法である(遺伝子ターゲティングも広義の意味ではトランスジェニックとなるが，一般的に両者を区別する)．この技術開発にかかわったM. R. Capecchi(カペッキ)，M. J. Evans(エバンス)，O. Smithies(スミシーズ)の3氏は，2007年のノーベル医学生理学賞の栄冠に輝いた．受賞理由は，「胚性幹細胞(ES細胞)を利用したマウスにおける標的遺伝子改変技術の基本原理の発見」である．彼らの開発した遺伝子ターゲティング法によって，特定の遺伝子を欠損させたマウス(ノックアウトマウス)を作製することが可能となり，数多くのノックアウトマウスが作出され，生体内での遺伝子の機能や遺伝子と病態との関連が次々に明らかになっている．遺伝子ターゲティング法は，染色体上の特定の部位の遺伝子配列を自由

自在に改変できる技術であり，ノックアウトだけでなく，点変異の導入，特定の遺伝子座への外来遺伝子の導入（ノックイン），染色体を数メガ bp 単位操作する染色体工学など，その応用は多岐に渡る．

遺伝子ターゲティング法が可能となった背景には，大きく2つの基盤技術の確立がある．1つは発生工学的手法を用いる胚性幹細胞（embryonic stem cell，ES cell）からのマウス個体作製技術である．ES 細胞は，個体を構成するどの細胞にも分化が可能な能力，分化多能性（pluripotency）を有する細胞である．Evans らは，1981 年に 129 系統マウスの胚盤胞期の内部細胞塊（inner cellular mass，ICM）より，マウス ES 細胞の樹立に成功した．この ES 細胞をマウス胚に移植すると，ES 細胞とマウス胚由来の細胞が混ざったマウス個体（キメラマウス）が作製できる．さらに ES 細胞がキメラマウス体内で生殖細胞にも分化することが明らかになり，掛け合わせによって，ES 細胞由来の染色体をもつ個体を得られることが示された．

2つめの基盤技術となったのは，遺伝子の相同的組換え（homologous recombination）を利用して染色体の任意の配列を人為的な配列と置き換える技術の確立である．相同的組換えは，DNA の塩基配列の相同部位で起こる．遺伝子ターゲティング法では，染色体上の変異を導入したい部位の5′側および3′側の両隣接領域を利用した相同的組換えによって，遺伝子を改変する．たとえば遺伝子破壊（ノックアウト）では，標的遺伝子の両側に隣接する遺伝子配列を相同的配列としてもち，標的遺伝子配列を除いたターゲティングベクターを作製する．ターゲティングベクターと染色体との間で相同的組換えが起きることにより，染色体の遺伝子配列はターゲティングベクターのものと置き換わり，染色体上の標的遺伝子が欠損することになる（図9.2）．相同的組換えによる遺伝子改変技術の基本原理は，酵母における先行研究によって示されていたが，Capecchi らはこの原理を応用し，動物培養細胞系において特定の遺伝子座に変異を導入する技術の確立を行った．

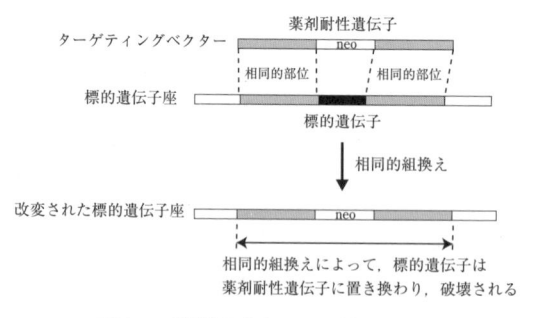

図 9.2 相同的組換えによる遺伝子改変．

図 9.3 ノックアウトマウス作製の概略図.

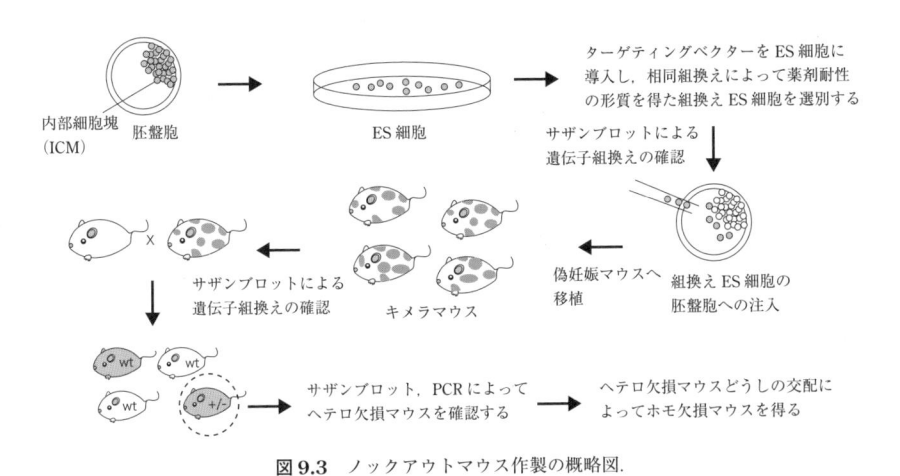

これら2つの技術の融合から,遺伝子ターゲティング法は成り立っている.つまり,ES細胞を培養している間に相同的組換えによる標的遺伝子の操作を行い,目的とした染色体変異をもつES細胞株(組換えES細胞株)を単離する.それをマウス胚に移植してキメラマウスを作製し,掛け合わせによって組換えES細胞由来の染色体をもつマウス(遺伝子改変マウス)を得ることができる(図9.3).

9.2.2 コンベンショナルノックアウトマウス

標的遺伝子の改変を可能にした遺伝子ターゲティング法は,遺伝子操作動物の作製に技術革新をもたらした.この技術を用いてノックアウトマウスが作製され,数多くの遺伝子・タンパク質の機能が個体レベルで明らかになったが,同時に問題点も提起されるようになった.それはノックアウトマウス(以降コンベンショナルノックアウトマウス)では,発生の初期段階から個体の一生を通じて全身で特定の遺伝子が欠損してしまうことである.個々の遺伝子は,特定の時期や細胞・組織に限定して用いられるのではなく,個体の発生においては重複して利用されることが多い.そのためコンベンショナルノックアウトマウスでは,発生の初期段階に重篤な症状を呈して致死に至る場合などは,その時点以降の遺伝子機能の解析は不可能になってしまう.また,特定の遺伝子が個体の一生を通じて全身で欠損したことによる二次的異常の可能性は,常につきまとう.

9.2.3 コンディショナルノックアウトマウス

上記の問題を克服する方法として,時期特異的,細胞・組織特異的に遺伝子をノックアウトする方法(コンディショナルノックアウト)が開発されている.代表的な手法

に，Cre-*loxP*系とテトラサイクリン誘導発現・抑制系を用いる方法がある．

A. 部位特異的ノックアウト—Cre-*loxP*系

Cre-*loxP*系は，バクテリオファージがもつ DNA 組換え酵素 Cre(Cre recombinase)と Cre が認識する 34bp の DNA 配列 *loxP* を用いた，遺伝子組換え系のことである．ゲノム上の 2 ヵ所に *loxP* 配列を同方向に挿入し Cre を作用させると，2 つの *loxP* 配列の間で組換えが起こり，*loxP* 配列で挟まれた DNA が切り出されて欠損する．この原理を利用するコンディショナルノックアウトでは，ノックアウトしたい遺伝子（または遺伝子の一部）の両端に，遺伝子ターゲティング法によって *loxP* 配列を挿入した遺伝子改変マウスを作製する．Cre 非存在下では，遺伝子は野生型と同様に機能する．一方で，ノックアウトしたい組織特異的なプロモーターを用いて Cre を組織特異的に発現するトランスジェニックマウスを作製し，両者を掛け合わせることによって，Cre の発現している部位特異的に遺伝子を欠損させることができる（図 9.4）．

Cre-*loxP*系は，染色体を数百キロ bp からメガ bp 単位で欠損させるクロモゾームエンジニアリングにも利用されている．欠損させたい染色体部位の両端に *loxP* 配列を別々にノックインし，その後 Cre を作用することによって染色体を改変するのである．実際に染色体上にクラスターを形成して存在するフェロモン多重遺伝子のサブファミリーを，そのクラスターごとを欠損させる例などが報告されている．

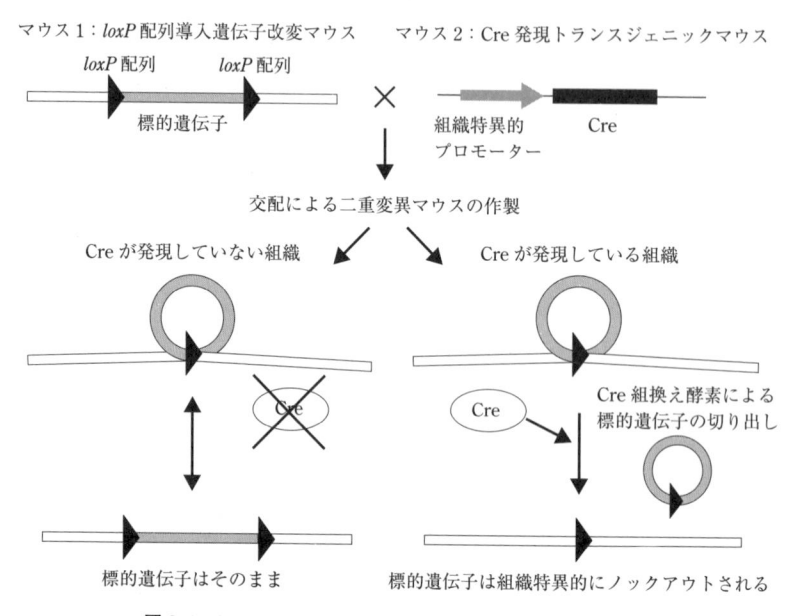

図 9.4 Cre-*loxP* システムを用いる組織特異的ノックアウト．

B. 時期特異的ノックアウト—テトラサイクリン誘導系

テトラサイクリン誘導系は，テトラサイクリン調節トランス活性化因子（tetracycline transactivator, tTA）と，tTA依存的エンハンサーであるテトラサイクリン応答因子（tetracycline responsive element, TRE）からなる．tTAは通常TREに結合し，TRE制御下の遺伝子を発現する．そこにドキシサイクリン（テトラサイクリン類似体）を投与すると，ドキシサイクリンはtTAに結合し，tTAのTREへの結合を阻害することにより遺伝子発現を抑制する．つまり，ドキシサイクリンという薬剤の投与・非投与によって，遺伝子発現のスイッチを制御できるのである．tTA–TRE系では，ドキシサイクリン非存在下では遺伝子発現はon，逆に存在下ではoffとなる．

この系を用いた例として，遺伝子A_{end}（endogenous，内在性）のコンディショナルノックアウトする場合を，図9.5に示す．まずA_{end}の遺伝子座にtTAをノックインすることにより，A_{end}を欠損させると同時に，tTAを遺伝子A_{end}の発現制御機構を利用して発現する．すると，tTAの発現はA_{end}の発現パターンと同じになる．TRE制御下に遺伝子Aをもつトランスジーン（A_{trans}）を導入すると，tTA–TRE系を介してA_{trans}の発現が誘導される．その結果，A_{trans}とA_{end}の発現パターンは同じであり，見かけ上野生型と変わらない（厳密には発現量などは異なる）．そのマウスにドキシサイクリンを投与すれば，A_{trans}の発現はoffとなり，条件的にノックアウトの状態を作ることができる．つまり薬剤の非投与・投与によって，遺伝子の発現がon/offできるのである．

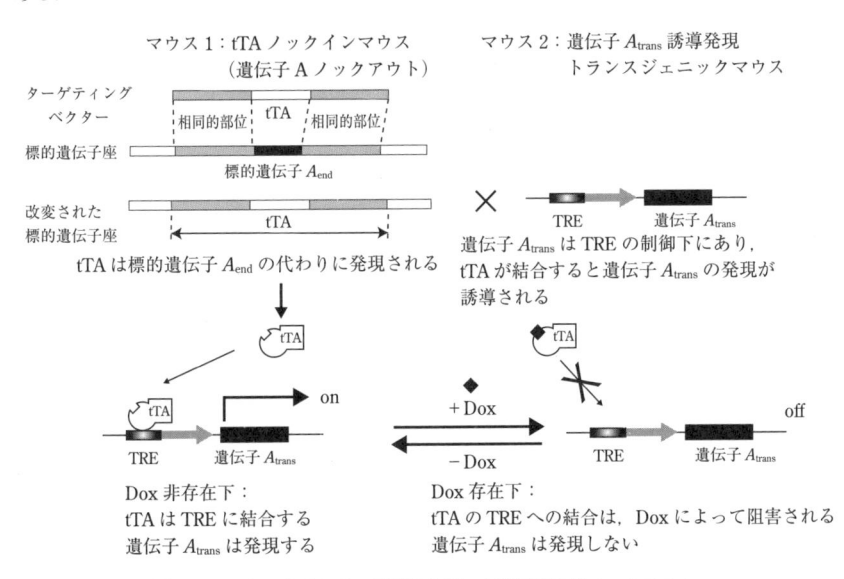

図9.5 テトラサイクリン誘導系を用いた時期特異的ノックアウト．

9.3 トランスジェネシス，遺伝子ターゲティング法の利用

9.3.1 IRES 配列を利用するバイシストロニックな遺伝子発現

　真核生物の細胞質におけるタンパク質合成は，リボソームが mRNA の 5′ 末端のメチル化されたキャップ構造を認識し，そこから翻訳開始部位まで移動して始まる．真核生物において mRNA は一般的にモノシストロン性であり，1 本の mRNA から 1 つのタンパク質が合成される．一方脳心筋炎ウイルス RNA では，5′ 非翻訳領域に存在する IRES (internal ribosome entry site) 配列を翻訳制御領域として活用し，IRES 配列に直接リボソームを移動することでタンパク質合成を開始する．この特殊な塩基配列 IRES を mRNA 上に組み込めば，5′ 末端側のオープンリーディングフレーム (ORF) と IRES 配列の下流の ORF の 2 つの翻訳が可能となる．つまり，1 本の mRNA からバイシストロン性に 2 つのタンパク質の合成を行うことができる．たとえば，遺伝子ター

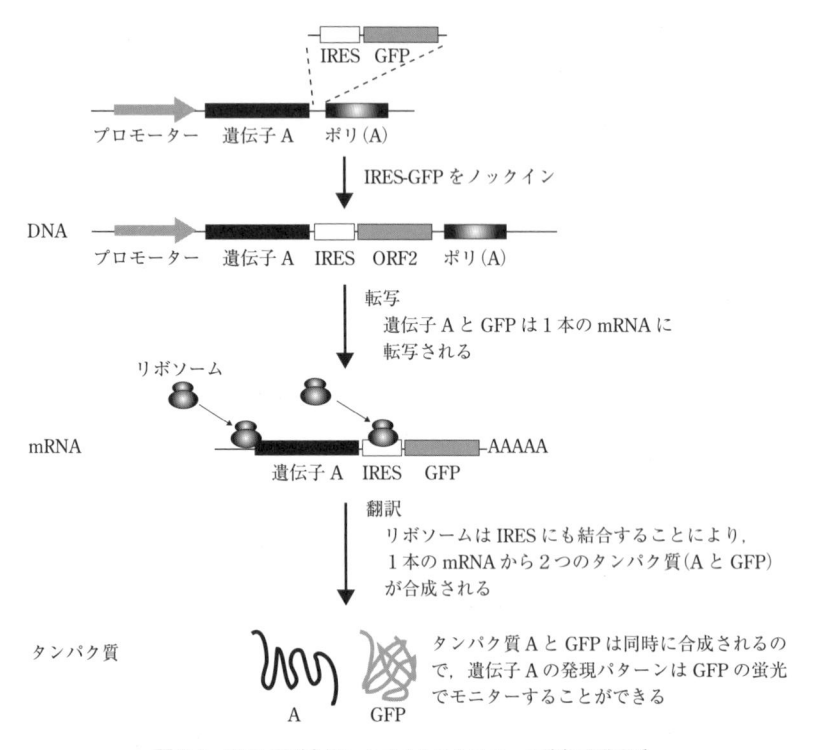

図 9.6　IRES 配列を用いたバイシストロニック遺伝子発現系．

ゲティング法によって標的遺伝子の終止コドンとポリ(A)付加配列の間に *IRES-GFP* 配列をノックインすれば，標的遺伝子と *GFP* は1本の mRNA として転写され，リボソームは5′側末端と IRES 配列の2ヵ所に結合し，標的遺伝子産物と GFP を合成することになる．この結果，標的遺伝子の発現は間接的に GFP の蛍光でモニターでき，また標的遺伝子を発現している細胞の動態を生きたまま観察できるようになる(図9.6).

IRES 配列を用いる遺伝子操作では，おもに遺伝子をノックアウトするのではなく，内在性の遺伝子を残したままその遺伝子が発現する細胞の機能を調べるためにも用いられる．現在，細胞内カルシウムイオンの濃度変化，シナプス小胞の放出，細胞膜電位の変化など細胞活性を測定するためのバイオプローブが多く開発されており，これらを遺伝子操作により個体内に導入することにより，個体レベルでの生きたままの可視化も可能となっている．

9.3.2 トランスジェネシスの応用―エンハンサー・プロモーター解析

トランスジェニック技術は，遺伝子の発現制御機構の解明にも利用される．遺伝子の発現は，生体内において厳密に制御されており，遺伝子は必要な時期に必要な細胞・組織において読みとられ，タンパク質に翻訳される．個々の遺伝子の発現は，その遺伝子固有の転写調節領域(シスエレメント)によって規定されている．多くの場合，シスエレメントは発現する遺伝子の5′側の隣接領域に存在している．例外として，3′側隣接領域やイントロンの中，そして転写開始点より遠く離れた領域に存在することもある．転写に必要なシスエレメントを同定する目的で行われるエンハンサー・プロモーターアッセイは，対象遺伝子を発現している培養細胞を用いて行われることが多いが，トランスジェニックマウスを利用するエンハンサー・プロモーターアッセイでは，マウスの遺伝学的背景を考慮した解析が可能となり，より厳密で多くの情報が得られるという利点がある．

エンハンサー・プロモーターアッセイは，遺伝子の転写調節領域の候補領域を含む DNA 断片をレポーター遺伝子の上流に組み込んだトランスジーンを用いて行われる．候補領域は，転写開始点の上流から，数 100 bp から長いものでは数 100 kbp までの長さの DNA 断片が用いられている．レポーターとしては，β-ガラクトシダーゼや緑色蛍光タンパク質(GFP)などがよく用いられる．多くのエンハンサー・プロモーターアッセイでは，数 10 kb 以上のゲノム DNA 断片を扱うことになるが，その場合は通常のプラスミドでの遺伝子操作は不可能であり，長大なゲノム DNA を操作できるプラットフォームが用いられる．その代表的なものに，細菌人工染色体(bacterial artificial chromosome, BAC)，酵母人工染色体(yeast artificial chromosome, YAC)などがある．

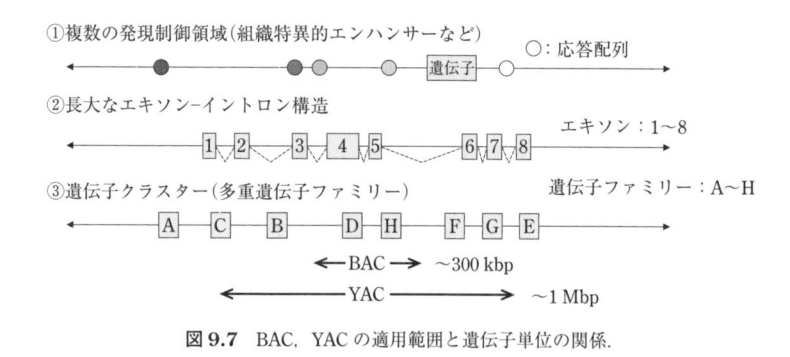

①複数の発現制御領域(組織特異的エンハンサーなど)　○：応答配列

②長大なエキソン-イントロン構造　エキソン：1～8

③遺伝子クラスター(多重遺伝子ファミリー)　遺伝子ファミリー：A～H

←BAC→　～300 kbp
←YAC→　～1 Mbp

図 9.7 BAC, YAC の適用範囲と遺伝子単位の関係.

とくに数多くの生物種のゲノム領域をカバーしつつある BAC ライブラリーは，エンハンサー・プロモーターアッセイだけでなく，ゲノム DNA の機能解析にとってきわめて有用な生物資源となっている．しかしながら，発現制御領域，エキソン，イントロンからなる遺伝子単位は数 Mb に及ぶこともあり，BAC や YAC では対応できないこと場合もある（図 9.7）．これらクローニングシステムのおよそのサイズ限界は，BAC で 300 kbp，YAC で 1,000 kbp（1 Mbp）程度となっている．さらに膨大な数の反復配列が散在しているため，これらのシステムでは，大きなゲノム断片を安定に保持し遺伝子操作することはむずかしいことも多い．今後，さらに長大なゲノム領域を操作するためのゲノム工学ツールの開発が必要となっている．また，トランスジーンとして用いる DNA 断片が巨大化するにつれ，DNA 溶液は高度の粘性を帯びるため，受精卵前核への微量注入が困難になる．そのため，巨大 DNA 断片をトランスジーンとする場合には，胚性幹（ES）細胞へのトランスフェクションによって遺伝子を導入し，トランスジーンが染色体に組み込まれた ES 細胞を経由してトランスジェニックマウスを作製する方法，トランスジーンを表面処理した精子に結合させ，卵細胞と体外受精させることでトランスジーンを受精卵に導入する方法，トランスポゾンと転移酵素利用することでトランスジーンを細胞質へ注入する方法など，新たな手法の開発が行われている．

9.3.3 酵素・蛍光タンパク質の個体レベルでの利用

遺伝子ターゲティング法は，単に遺伝子を破壊するだけでなく，特定のタンパク質や細胞の動き，そして神経細胞などの細胞活動を"見る"ためにも使われる．そのツールとして最もよく使われているのが，緑色蛍光タンパク質(green fluorescent protein, GFP)である．GFP の発見とその遺伝子クローニングは，生物の生きた状態での可視化という新たな分野を切り開いたといっても過言ではない．他の基質などを必要とせ

ずに単独で緑色の蛍光を発するGFPの特徴をいかした応用技術は急速に進展し，これまでに，GFPをベースとした改良型蛍光タンパク質や新規蛍光タンパク質が次々と生み出されている．蛍光の色も青から赤まで多様になり，また生理活性測定するためのバイオプローブも開発されている．遺伝子ターゲティング法とこれらの蛍光タンパク質を組み合わせて，個体レベルでの遺伝子発現や，特定のタンパク質や細胞の可視化が可能となっている．また，次節に述べるIRES配列を利用することにより，内在性の遺伝子を残したまま，その遺伝子と同じ時期に同じ場所に蛍光タンパク質やバイオプローブを発現することも可能となっている．

9.4 今後の展開

　トランスジェニック技術，遺伝子ターゲティング技術は，現代の医学・生命科学分野において必要不可欠の技術である．とくに遺伝子ターゲティング法の技術開発はめざましく，単なる遺伝子ノックアウトから時空間特異的な遺伝子ノックアウト(コンディショナルノックアウト)へと進化を続けており，個体レベルでの遺伝子・タンパク質の機能が，さらに詳細に明らかになっていくものと考えられる．近年，発生工学技術の進展をリードするかのようにゲノム解析が進み，今後ポストゲノム解析へとその開発は移行する．このポストゲノム解析の1つとして着目されているのが，網羅的なノックアウトマウス(遺伝子欠損ES細胞株)作製の国際プロジェクトのスタートである．これは，米国，カナダ，欧州が参加する国際コンソーシアムが中心となり推進されている．ぜひホームページを参照してもらいたい(http://www.knockoutmouse.org)．すでに数多くの遺伝子に変異をもつES細胞株が作製，公開され，研究者への提供が始まっている．すべてのノックアウトマウスがすぐに入手可能というわけではなく，実際は変異をもつES細胞株の譲渡を受け，そこから個体化の部分を研究者が行うシステムであるが，今後その重要性はますます高まると思われる．残念なことに，日本はこのプロジェクトには参加していないが，国内でも疾患関連遺伝子に特化した遺伝子改変動物研究のためのコンソーシアム設立に動き出している．網羅的なノックアウト動物の作製からさらに網羅的な遺伝子機能の解析によって，飛躍的に我々の生命の設計地図の理解が高まると期待できる．

　一方，新たな展開として，遺伝子の機能解析のための遺伝子操作ではなく，積極的に遺伝子資源を活用し，人工的な代謝系の構築，人工生命体の作製などをめざした合成生物学へのアプローチが考えられている(図9.8)．たとえば，遺伝子集積技術により有用物質の合成遺伝子や人工代謝オペロンを巨大なトランスジーンとして人工的に再構築し，それを用いるほ乳動物や培養細胞における物質生産，疾病原因遺伝子群を

9 発生工学を用いる個体レベルでの遺伝子操作とその応用

図 9.8 個体レベルでの遺伝子操作の展望(遺伝子解析から合成生物学へ).

用いる複合的な疾病モデル動物・疾患原因解明などへの展開が期待できる.

10 ほ乳類細胞培養の基礎と応用

10.1 細胞培養技術

10.1.1 無菌的な環境と操作

　我々個体は，免疫など細菌に対して防御機構をシステムとして有しているが，単一の細胞では防御機構をほとんど有していないので，抗生物質含有培地条件下で培養し，無菌的な環境や操作が必要である．

　細胞の培養容器は，一般的に γ 線照射またはエチレンオキシドガス滅菌済みのキャップ付きボトルか，ふた付きシャーレが用いられている(図10.1)．培地を採取するためのピペットなども，同様な滅菌済みのプラスチック製品か，自前で乾熱滅菌したガラス製を用いる．培地の交換や培養細胞の処理などは，クリーンベンチ(陽圧空気，図10.2)中で行う．培地は，市販の滅菌済みの培地を用いることが一般的であるが，

図 10.1　細胞培養の様子．

図 10.2 細胞の培養や操作に必要な機材. (左)CO_2 ガスインキュベーター, (右)クリーンベンチ.

粉末培地をオートクレーブ滅菌した純水に溶解したあとにフィルター滅菌したものを用いることもある. このときに用いるガラス容器は, 乾熱またはオートクレーブ滅菌したものを用いる. フィルター滅菌では, マイコプラズマやウイルスは除去できない. また, 一般的な抗生物質は細菌のみに有効であるが, 酵母, 真菌, マイコプラズマやウイルスなどには効果がないことも注意すべきことである. どんなに熟練した研究者でも, これら微生物汚染を完全に防ぐことはできず, 汚染の頻度を低下させる工夫があるのみである. 細菌や酵母による汚染は, 顕微鏡で観察することによって確認できるので, 毎日の観察が重要である. しかし, マイコプラズマに汚染していても顕微鏡観察では気づかないので, 定期的にマイコプラズマ検査(ELISA や PCR)を行う. 万が一, マイコプラズマ感染が確認された場合は, 市販のマイコプラズマを除去する試薬を使用する. 洗練された培養操作技術はもちろん重要であるが, 日常的に培養室全体を清潔にしておくことが重要である.

10.1.2 細胞の培養方法

細胞を培養するには, 培地と容器が必要である. 細胞種によって要求する栄養成分などが異なるので, さまざまな培地が調製されている. たとえば, DMEM (Dulbecco's modified eagle medium) や RPMI (Roswell Park Memorial Institute) 培地を基礎に, 5～20％のウシ胎仔血清 (FBS, fetal bovine serum) などを添加した培地が, 一般的に使われている. 細胞は pH 感受性が高いので, 緩衝作用により pH を中性付近で安定に保たなくてはいけない. しかし, HEPES, トリス, リン酸緩衝液は毒性が強いので, ほ乳動物の細胞培養には用いることはできない. そこで, 炭酸イオンによる緩衝をするために, 培地には炭酸水素イオンが含まれ, 5％ CO_2 ガスインキュベーター (図 10.2) で培養することが一般的である. 初期胚など培地環境を受けやすい場合や培地の比色分析が必要なとき以外は, 培地にフェノールレッドを添加し, 一目で pH が判

別できるようになっている．なお，インキュベーター外で細胞を操作するときは，リン酸緩衝液(PBS)やHEPES含有培地を用いて，pH変化が急激に起こらないようにしている．

培養方法は，おもに接着培養と浮遊培養の2つがある．初期胚や血球系の特殊な細胞は浮遊培養で行う．卵管内では，受精卵から胚盤胞までの初期胚は，容易に卵管壁に接着しないように透明帯という殻のような組織で囲まれているが，透明帯を除去して培養する場合は，その胚が接着できないような培養シャーレが必要である．通常のプラスチックは疎水性であるから，細胞マトリックスなどのタンパク質は吸着しないので，細胞は接着できない．そこで，プラズマ処理をすることにより親水性となり，血清成分のタンパク質が吸着し，そこに細胞が接着できるようになる．したがって，プラズマ処理をしていないプラスチックシャーレを用いることにより，細胞接着をある程度防ぐことができる．

ほとんどの培養細胞は接着培養で増殖させる．接着性の細胞は，接着できないと細胞死(アノイキス)を起こす．培地に血清が含まれている場合は，その成分のフィブロネクチンなどがプラスチックシャーレに吸着し，細胞の有する接着分子(インテグリン分子など)を介して細胞が接着する．

10.1.3 DNA導入法

必要なタンパク質を得る方法としては，化学合成する大腸菌，酵母，昆虫細胞や，ほ乳動物の細胞に産生させる，またはほ乳類の乳腺細胞から分泌させるなどがある．費用はかかるが，糖鎖などの修飾や混在物の安全性を考慮すると，ほ乳動物の細胞に発現ベクターを導入する手法は便利である．また特定の遺伝子の機能を調べるためにも，DNAを培養細胞へ遺伝子導入する．ほ乳動物の細胞へDNAを導入する方法として，リン酸カルシウム法，マイクロインジェクション，リポフェクション，ウイルスベクター，エレクトロポレーションなどが用いられている．どの方法を用いるかは，一過性の発現か永続的に発現させるのか，細胞の種類，利用目的などにより検討する必要がある．

マイクロインジェクション(microinjection)とは，顕微鏡下で1つずつの細胞の核にマイクロピペットを用いて直接DNAを注入する手法である．一般的な細胞でも用いることがあるが，通常は受精卵などの初期胚の核にDNAを注入するときに用いられる(図10.3)．染色体DNAに導入DNAを組み込ませるために用いられるが，細胞生存率は高くない．

リポフェクション(lipofection)は，リン脂質などによる二重膜からなるリポソームと導入したいDNAが会合し，このDNA-リポソーム複合体が細胞膜に静電的に結合

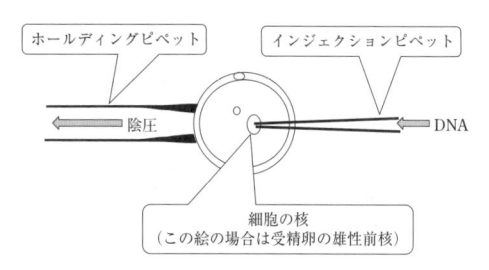

図 10.3 受精卵の前核へのマイクロインジェクション．

したのち，エンドサイトーシスによって細胞膜を通過させる方法である．細胞に与える影響も小さいうえに DNA 導入効率は非常に高く，一過性の遺伝子発現による解析実験におもに用いられる．ただし，細胞種によってはリポフェクションに向いていない場合もあるが，現在でも新しいリポソーム開発は盛んに行われているので，試してみるのもよい．

ウイルスベクター（virus vector）は，ウイルスが細胞に感染できる性質を利用し，かつ感染細胞ではウイルスが増殖できないように工夫されている．そのためには，ウイルス粒子を増殖できる系（ウイルスのゲノムが増幅されるようなシステムを有している細胞株）と，非増殖性ウイルス粒子を感染する系の 2 つが必要である．ウイルスベクターもさまざまな手法が開発されている．アデノウイルスベクターのような一過性発現を目的としたものから，レトロウイルスベクターのように，細胞側の染色体 DNA に導入 DNA を組み込み，永続的な発現が可能なものまである．ただし，組換え DNA 実験であることはもちろんであるが，ウイルスベクターに応じた実験室の設備が必要となる．

細胞側の染色体 DNA に導入 DNA を組み込みたい場合に，一般的に使われる手法がエレクトロポレーション（electroporation，電気穿孔法）である．懸濁した細胞に高電圧パルスをかけると，細胞膜に穿孔が生じることがわかり，しかも，細胞死に至ら

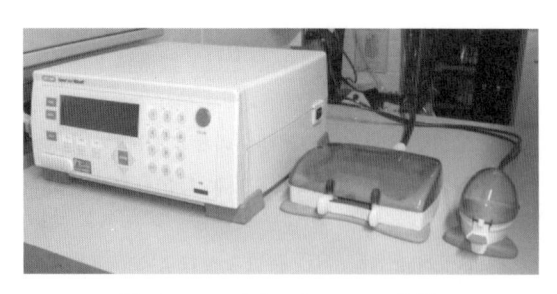

図 10.4 エレクトロポレーション装置．

ず膜は修復されることがわかった．この現象を用いて導入したい DNA と細胞を懸濁し，高電圧パルスにより，瞬間に DNA を細胞内に導入する手法が，エレクトロポレーションである．エレクトロポレーションは専用の装置(図 10.4)が必要であるが，原理的には細胞種を選ばず，大腸菌から培養細胞まで用いることができる．筆者らの研究室では，おもにエレクトロポレーションにより細胞に DNA を導入している．

10.1.4　細胞の凍結保存

研究で用いられる細胞は多種多様となり，特異的性質を維持したまま細胞を凍結保存しなければならない．凍結保存は単に保存するだけでなく，輸送して他の研究者にも使えるようにすることも，重要な役割である．水は氷になると容積が膨張するので，そのまま凍結すると細胞は壊れてしまう．そこで，細胞内の水分子を他の物質に置換する必要がある．精子や初期胚の凍結保存は，特別な保存液とプログラムフリーザーによる凍結など特殊である．しかし一般的な細胞株は，10% DMSO(ジメチルスルホキシド)含有の培養培地，または市販の凍結保存液中に懸濁し，簡易緩慢法で凍結したのち，液体窒素中に保存する．

10.2　ほ乳動物の培養細胞

生体組織から細胞を 1 つ 1 つ解離し，目的の細胞を生体外(*in vitro*)で増やすということは簡単なことではない．最終分化まで到達している(成熟)細胞を，そのままの性質を維持したまま *in vitro* で増殖させることはほとんど不可能である．増殖できるように遺伝子操作を行うか，成熟細胞をあきらめて胚や腫瘍由来，または組織の中でも未成熟な段階の細胞(幹細胞や前駆細胞)を培養し，必要な細胞数まで増殖させたのちに分化，成熟化させる方法をとる．

10.2.1　初代培養細胞

生体組織は，複数の細胞種とさまざまな細胞外マトリクス(ECM, extracellular matrix)，血液などの液体成分から構成されている．特定の細胞種を単離するには，血液を除いた血管に ECM を消化するコラゲナーゼなどの酵素を灌(かん)流して，組織から細胞を 1 つ 1 つ解離して，特定の手法により目的細胞のみを精製し培養したものを，「初代培養細胞」とよぶ．組織中の細胞は周囲に細胞や ECM で囲まれた三次元環境にあり，細胞極性を有している．たとえば，肝臓の組織構造は図 10.5 のようになっており，肝細胞は少なくとも 3 つの面を有し，細胞の形態も平たくなく立体的である．しかし，生体外での一般的な培養は二次元的であり，細胞は平たんになる(図 10.6)．

153

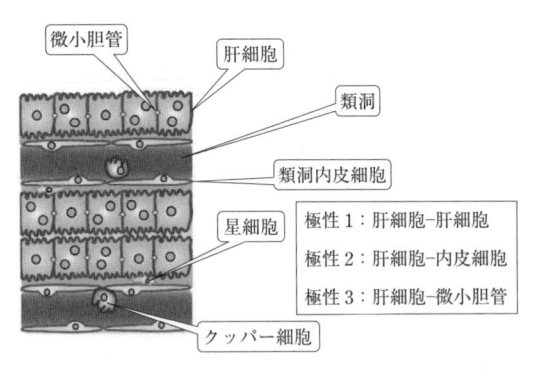

図 10.5 肝組織構造.

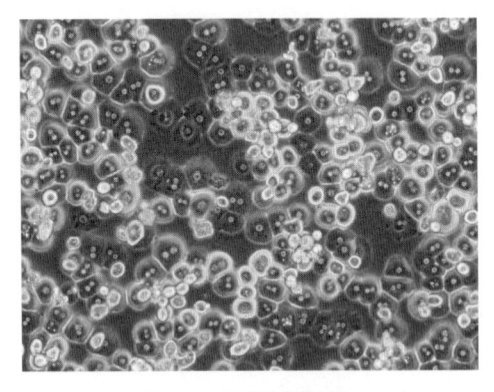

図 10.6 初代培養肝細胞.

研究者は，その研究目的に応じてあらゆる組織から初代培養細胞を調製する．初代培養細胞は，動物由来であれば，その所属機関の動物実験委員会の承認後に研究者自身が調製できるが，ヒト由来の場合は専門の販売業者から購入することが多い．

10.2.2 細 胞 株

初代培養細胞は寿命が限られている．しかし，その中には，無限に増殖可能になったものがあり，それを細胞株(cell strain)の樹立という．さらに，1つの細胞由来のみを単離(クローニング)し，培養可能にしたものを細胞系(cell line)とよぶ．細胞株は初代培養細胞に比べて取り扱いが容易で，一定の培養条件のもとではほぼ一定の増殖速度となる．

樹立された細胞株を入手するには，自前で樹立以外には，研究者または細胞バンクから分与(または購入)という方法がある．可能であれば，細胞バンクから提供を受け

るほうが，マイコプラズマ陰性などの保証があるので勧められるが，特殊な細胞株の場合は，研究者間でMTA（material transfer agreement）を結んで受けとる．細胞バンクには，理化学研究所（http://www.brc.riken.jp/lab/cell/），JCRB（http://cellbank.nibio.go.jp/）やATCC（http://www.atcc.org/）などがあるので，各ホームページにアクセスすれば，所有している細胞のリストやその性質がわかる．すべての細胞が容易に入手できるわけではなく，研究目的に応じた契約，研究者側の機関（ヒトES細胞のように生命倫理委員会）の承認や，ウイルス感染株の場合は，封じ込めレベルに合致した施設の状況の確認などが必要な場合もある．

10.2.3 初 期 胚

受精卵という1つの細胞が分裂を繰り返していくうちに変化し，我々の"からだ"は形成されていく．このような細胞の変化を分化という．受精卵はからだになる細胞だけに分化するのではなく，からだ形成のためにサポートの役割を担う組織・細胞にもなる．受精卵はたった1つの細胞であるが，からだ形成にかかわるすべての細胞になる能力を有することから，全能性（totipotent）の細胞であるといえる．受精卵は卵割という細胞分裂を繰り返し，細胞どうしのコミュニケーションが密にできるように桑実胚へ分化し，その後に劇的な変化が起きて胚盤胞へと発生が進む（図10.7）．現在，未受精卵と精子を採取し，人工的に授精させることができる．さらに，受精卵を胚盤胞まで *in vitro* で培養することも可能である．これら一連の初期胚は，適切な時期の母体に戻すことにより，その後の発生は正常に進む．この初期胚にDNAを導入し，遺伝子操作動物を作出する技術を，発生工学という．発生工学については9章を参照されたい．

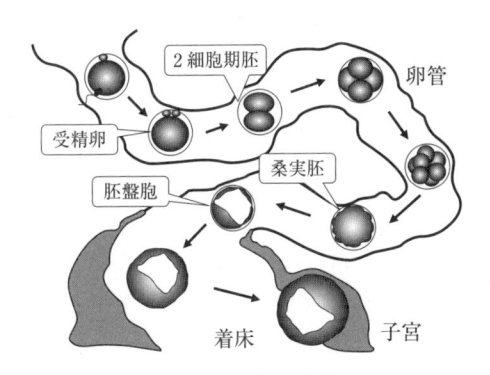

図10.7 初期胚の概要．

10.2.4 幹　細　胞

　我々のからだを構成している細胞は，未成熟な細胞と成熟細胞に分けられる．正常な成熟した細胞は，一般的にはもはや増殖能力をもたない．未熟な細胞は増殖能力を有しており，特定の1種類の細胞種へ成熟するまで増殖するものと，2種類以上の細胞種へ分化する能力をもっているものがある．幹細胞とは，分化せずにその細胞自身が増殖（自己増殖）でき，かつある環境下にさらせば特定の細胞種に分化できる能力を有する細胞である（図10.8）．したがって，幹細胞であると確信するには，1種類の細胞から増殖した細胞系の確立が絶対条件である．2種類以上の細胞種に分化できたと思っても，2種類の細胞種が混在した状態であったら幹細胞を単離したとは言えないので，注意が必要である．幹細胞は，その分化能力により3つのレベルに分類できる．

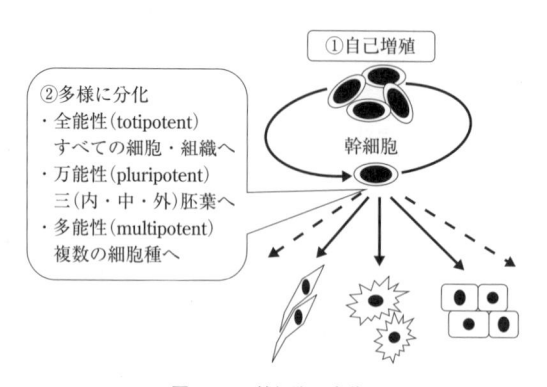

図10.8　幹細胞の定義．

　全能性とは，個体を直接形成する細胞だけでなくその形成をサポートする細胞へも分化できるもので，受精卵や2細胞期胚などの初期胚の割球の細胞のみ知られている．骨髄幹細胞や神経幹細胞といった体性幹細胞は，ある細胞系譜の中で分化可能であるので，多能性レベルである．胚盤胞の内部細胞塊の細胞は三胚葉に分化可能であるので，万能性細胞である．

　奇形腫（テラトーマ）は，ごくまれに人間においても発生する腫瘍であるが，この腫瘍はさまざまな組織（心筋，骨，脂肪，毛髪など）が無秩序に形成されている．つまりテラトーマのもとの細胞は，万能性に近い能力を有していたと思われる．悪性テラトーマ（テラトカルシノーマ）から単離されたハイレベルな多能性細胞は，胚性腫瘍（EC, embryonal carcinoma）細胞とよばれている．EC細胞と初期胚の集合培養により，最終的にはキメラマウスが誕生した．このキメラマウスでは，そのEC細胞が生殖細胞には分化できないというのが現在の結論であるが，EC細胞は万能性に近い能力をもつ．

10.2.5 胚性幹細胞の樹立と培養

　胚性幹細胞(ES 細胞，embryonic stem cell)は，M. Evans らにより 1981 年にマウスの遅延胚盤胞の内部細胞塊から樹立された．内部細胞塊は将来，個体そのもの，つまり"からだ"となる細胞群である．増殖停止させたマウス胚初代培養線維芽細胞(フィーダー細胞)上に胚盤胞をおき，特殊な培地中で培養を続けると，胚盤胞の内部細胞塊が増殖を始める．その増殖した内部細胞塊をトリプシンなどのプロテアーゼにより単一細胞にして，再びフィーダー上で培養をすると，いくつかのコロニーが出現してくる(図 10.9)．このように増殖を続けて継代培養可能となった細胞が ES 細胞である．ES 細胞は，分化において万能性であることが示され，さらにこの細胞を用いて作製されたノックアウトマウスによって，医科学研究が急速に発展した．マウス ES 細胞を初めて樹立した Evans が，この功績により 2007 年にノーベル医学・生理学賞を受賞した．

・トリプシン溶液
　トリプシン溶液に 1% ニワトリ血清と 1 mM EDTA 含有
・MEF：マウス胎仔線維芽細胞

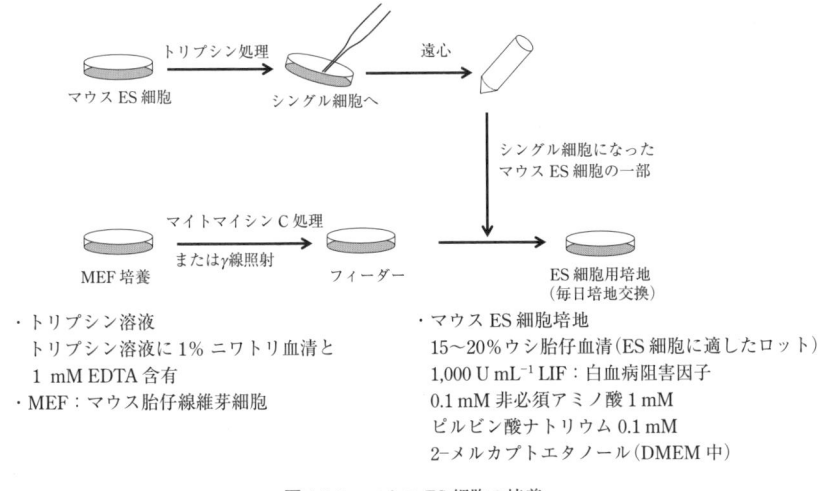

・マウス ES 細胞培地
　15～20% ウシ胎仔血清(ES 細胞に適したロット)
　1,000 U mL^{-1} LIF：白血病阻害因子
　0.1 mM 非必須アミノ酸 1 mM
　ピルビン酸ナトリウム 0.1 mM
　2-メルカプトエタノール(DMEM 中)

図 10.9 マウス ES 細胞の培養．

　マウス ES 細胞の万能な分化能力は，図 10.10 に示すように以下の 2 つの実験により証明されている．1 つは，マウス ES 細胞をマウス胚盤胞内へ注入した(胚盤胞インジェクション)のち，またはマウス ES 細胞と透明帯除去処理されたマウス 8 細胞期胚とを凝集したのち，それらの手法により形成されたホスト胚と ES 細胞からなるキメラ胚から誕生した"生殖系列伝達能力を有したキメラマウス"が作製できることである．もう 1 つは，マウス ES 細胞を免疫不全マウスに移植すると，良性奇形腫(テラトーマ)が形成されることである．ここで注意したいのは，この奇形腫は悪性ではなく良

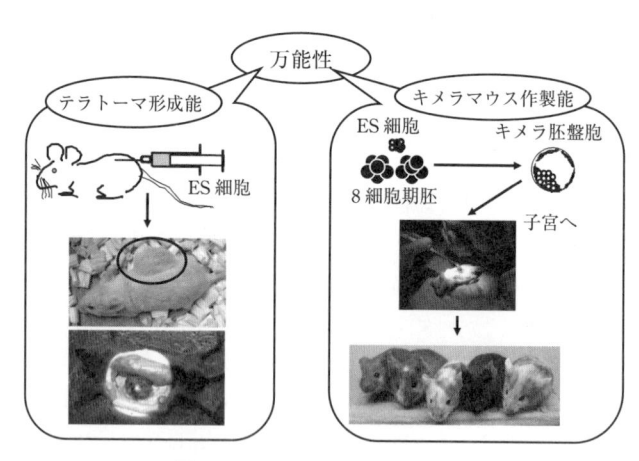

図 10.10　マウス ES 細胞の万能性.

性であることである．以上 2 つの現象が確認できなければ，マウス ES 細胞を培養できているとはいえない．マウス ES 細胞を培養し，外見的に盛り上がった形態のコロニー（図 10.11）が形成されたとしても，マウス ES 細胞として維持されているかどうかはわからない．ES 細胞の特徴については，いくつかの特異的な酵素，遺伝子発現，細胞表面マーカーの存在が報告されている．マウス ES 細胞では，アルカリホスファターゼ活性，Oct-3/4 陽性，表面マーカー SSEA-1 陽性である．これらの染色実験により，容易に未分化を確認することができる．しかしながら，幹細胞の定義にもう一度立ち戻ってほしい．幹細胞の定義は分化能力である．つまり，分化能力を確認することなくして幹細胞とは断言できない．形態的に未分化を容易に維持しているようなクローンは，逆に分化する能力を欠いている可能性もあり，キメラ形成率がきわめて低いということもある．ES 細胞は未分化のまま培養する必要があるのだが，簡単に分化できる能力をもっていることも重要である．

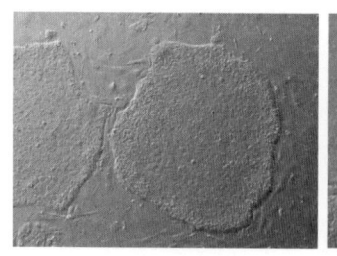

カニクイザル ES 細胞　　　　マウス ES 細胞

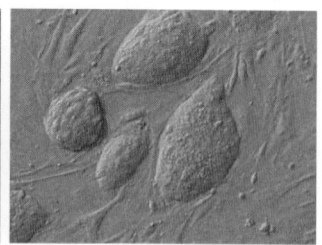

図 10.11　マウスと霊長類 ES 細胞の写真.

マウス以外の動物種の ES 細胞の樹立が試みられたが，マウス ES 細胞が樹立されたのち，長い間その他の動物の ES 細胞の樹立が成功せず，1997 年のサル（マーモセット）ES 細胞の樹立まで待つこととなった．その後，次々と多くの種類のサルの ES 細胞が樹立された．そして 1998 年には，人工授精によるヒトの余剰胚からヒト ES 細胞も樹立された．霊長類の ES 細胞はマウス ES 細胞と形態的にも全く異なっており，図 10.11 に示すように，マウス ES 細胞のコロニーは盛り上がって細胞どうしの境界が不明確なのに対し，霊長類 ES 細胞はコロニーが平たんで，細胞どうしの境界が確認できる．

ヒト ES 細胞もマウス胎仔線維芽細胞をフィーダーとして，そのフィーダー上で樹立され培養されている．しかし，おもに 2 つの理由から，マウス胎仔線維芽細胞ではなくて人工的なバイオマテリアルの開発が望まれている．1 つは，マウス胎仔線維芽細胞は，マウス胎仔（胎齢 12 〜 15 日）から調製された初代培養細胞であるために安定していないということである．科学的に再現性のあるデータを得るためには，ES 細胞を安定に培養する際に均一のフィーダー素材が必要である．2 つめは，ヒトへの医療的応用を考えるうえで，脱動物由来成分が必要ということである．

10.2.6 iPS 細 胞

細胞の分化の方向性は不可逆であると考えられてきた．しかし 1962 年に，J. B. Gurdon らは，アフリカツメガエルのオタマジャクシの体細胞の核を未受精卵に移植することにより，クローンカエルの作製に成功した．体細胞へ分化するまでに，染色体 DNA はさまざまな不可逆と考えられてきた修飾を受けてきたため，もう一度全能

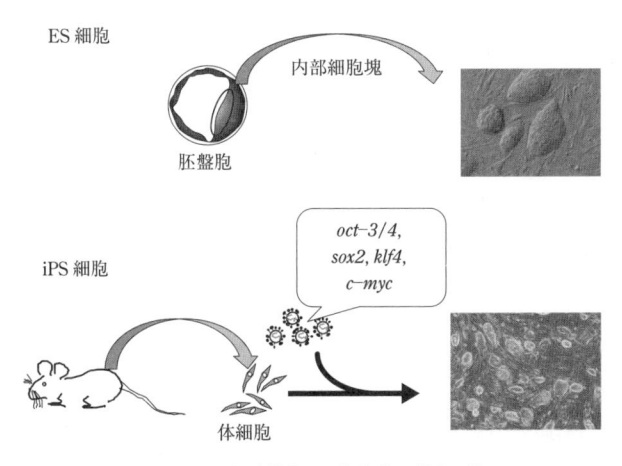

図 10.12 ES 細胞株と iPS 細胞株の樹立の違い．

性を有する受精卵の核と同一になったことは驚きであった．この分化細胞が未分化へ逆行することを，初期化またはリプログラミングとよぶ．この現象は両生類の特別な現象であり，ほ乳類では不可能であると信じられてきた．ところが I. Wilmut らは，ヒツジの体細胞の核を未受精卵に移植して，クローンヒツジを誕生させた．ほ乳類でも初期化が可能であり，その初期化因子は未受精卵の細胞質に存在していることを示した．

これを契機に，ほ乳類の初期化因子は何かというし烈な探索の競争が始まった．山中伸弥らは，ES細胞の万能性を決めているのは4つの因子(Oct-3/4, Sox-2, Klf-4, c-myc)であることを突き止め，これらを体細胞に遺伝子導入するとES細胞と類似したコロニーの形態を示し，ほぼ同一の性質を有するようになることを実験的に証明した（図10.12）．この細胞をiPS(induced pluripotent stem)細胞とよんだ．ヒトES細胞は生命倫理問題でその樹立や使用に強い規制がかかっているが，ヒトiPS細胞はヒト胚を用いないので生命倫理問題の対象とならないことから，今後の医学的応用に大きな期待が寄せられている．これらの一連の功績により，Gurdonと山中は2012年のノーベル医学生理学賞を受賞した．

10.3 ES/iPS 細胞の応用

10.3.1 発生工学

一般的に発生工学という技術は，"からだ"全身の細胞の染色体に外来遺伝子が組み込まれたトランスジェニック動物と，全身の細胞の染色体中の特定の遺伝子を操作して破壊してしまった遺伝子ノックアウト動物の作製方法のことである．

10.3.2 発生・分化

ES細胞は初期胚である胚盤胞の内部細胞塊由来であり，内部細胞塊の細胞が有する分化能力を失っていない．また，最近，胚盤胞のもう1つの構成細胞である栄養外胚葉細胞株(TE(またはTS)細胞)も樹立された．ES細胞とTE細胞を用いれば，胚盤胞の in vitro モデルとすることができる．これらの細胞は，発生毒性試験への応用が期待されている．

ES細胞からさまざまな組織や細胞種への分化誘導が試みられている．その多くは，薬剤や増殖因子などを添加して分化誘導する手法である．しかし，"からだ"を形成している組織は胚盤胞の内部細胞塊から突然に分化したものではない．つまり，成熟した適切な機能を有した組織や細胞に分化するまでには，時空間的なプロセスを通過し

ている．ES 細胞の分化誘導の研究は，発生生物学に対応していることが重要である．また，逆にこれまでの発生生物学ではわからなかった発生の謎に対して，ES 細胞を用いれば解明できる可能性もある．

10.3.3 再生医学と動物実験代替システム

ES/iPS 細胞は，あらゆる組織，臓器の細胞になりうる万能性を有していることから，ヒト ES/iPS 細胞が，将来的に再生医療へ応用されるだろうと期待されている．これまでに，ES/iPS 細胞から肝臓，神経，心筋などへの分化についての報告が多くある．問題はまだ山積みしているが，患者の体細胞から iPS 細胞が作出されれば，自家移植も可能ということが考えられる．しかし，ES/iPS 細胞の移植医療への応用はまだ時間が必要である．テラトーマ形成能力を有する未分化な細胞を完全に除去できるかどうか，分化した細胞が安全であるかどうかなど，これらの問題の解決には時間が必要である．

ES/iPS 細胞の応用として，薬物代謝や毒性試験などへの応用があげられる．また，ヒト ES/iPS 細胞からヒト組織への分化誘導が確立されれば，薬物代謝試験だけでなく，ヒトウイルスの感染・増殖システムが確立され，抗ウイルス剤などの開発へ利用可能となると思われる．

11 微生物を用いる排水の浄化

11.1 酸素消費速度を基準とする水質の評価

　水質を評価する際の重要な指標に，BOD（biochemical oxygen demand，生物化学的酸素要求量）とCOD（chemical oxygen demand，化学的酸素要求量）がある．BODは，水中に存在する溶解性有機物が微生物によって好気的に変換される際に消費される酸素の量を表す．分解の条件として20℃，5日間が用いられ，BOD_5と表記する．微生物に分解されやすい有機物が河川に放流されると河川の微生物がそれらを基質に増殖し，河川水の溶存酸素（DO，dissolved oxygen）濃度が減少する．酸素は水に溶けにくい気体であり，20℃のDO飽和値は8.84 mg L^{-1}である．家庭下水のBODは100〜200 mg L^{-1}あり，処理せずに下水が河川に放流されるとたちまちDOが減少し，嫌気性細菌以外の水生生物が生育できなくなる．アユなどの魚が成育できるBODの下限値は，約5 mg L^{-1}といわれている．一方CODは，水中に存在する物質を，過マンガン酸カリウムや重クロム酸カリウムなどを用いて化学的に酸化分解する際に消費される酸化剤の量から換算された酸素量を表す．使用した酸化剤によってCOD_{Mn}，COD_{Cr}のように表記する．BOD/COD比が大きければ，対象とする排水がより好気的微生物変換を受けやすく，その値が小さければ化学的酸化反応を受けやすいことを示す．

11.2 標準活性汚泥法

　日本人1人が1日に使用する水の量は平均約350 Lで，世界平均の約3倍である．ほぼ同量の水が下水となり，下水道を経て処理場に運ばれて一括処理されたのち，河川へ放流される．このような下水道の恩恵にあずかる人口の割合（下水道処理人口普

及率)は，2012年に75.8%に達した．

水洗トイレがはじめて採用されたのは，1810年イギリスにおいてである．当時，トイレの排水は下水管を経て，直接テームズ川へ放流された．19世紀半ば，ロンドンでコレラが大流行したのを契機に，家庭排水を河川へ放流する前に浄化することが検討され，1914年排水の処理法として活性汚泥法がロンドンではじめて施行された．

最も標準的な活性汚泥法(activated sludge process)を図11.1に示す．下水には，髪の毛，トイレットペーパー，土砂，大便などの固形物や可溶性の有機物などが含まれる．排水処理は，これらのものを物理/化学的および生物反応を用いて除く操作である．排水の処理過程は大きく5つ(①〜⑤)に分けることができる．固形物のほとんどは，スクリーンや重力沈降などの①物理的方法により除かれる．下水に含まれる溶解性有機物は，②生物的処理より変換される．さらに，下水に含まれる窒素やリンを除くプロセスが，③高度処理と位置づけられる．このような処理を受けた処理水は，最後に次亜塩素酸(ClO^-)により殺菌(④)され河川へ放流される．①と②で発生した固形物は余剰汚泥(excess sludge)となり，脱水後，補助燃料を用いて焼却(⑤)され，焼却により生じる灰は通常埋めたて処分される．

5つに分けた処理過程の中で，②と③は生物反応を用いる処理プロセスである．②は，おもに溶解性の有機物に由来するBODを活性汚泥により減らす過程である．活性汚泥とは生物活性の高い汚泥をさし，顕微鏡で観察するとさまざまな微生物を認めることができる(図11.1写真)．活性汚泥を構成する微生物叢(そう)にはウイルス，

活性汚泥の顕微鏡写真　活性汚泥の電子顕微鏡写真

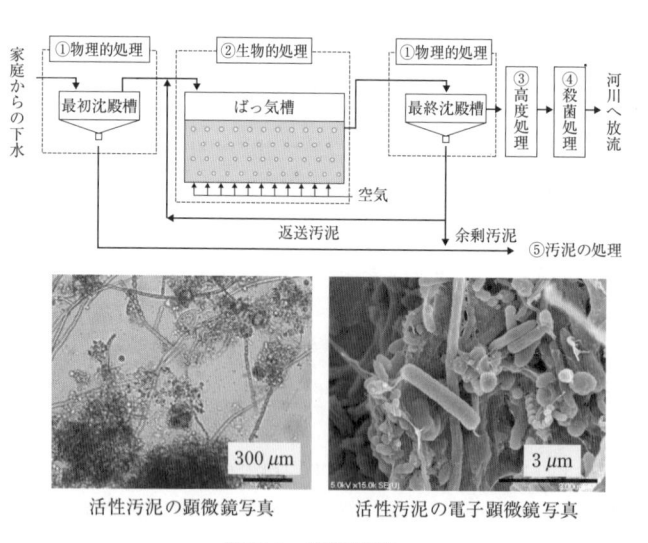

図11.1 活性汚泥法．

細菌，原生動物，後生動物などが含まれ，微生物どうしがくっつきあってフロック(flock)とよばれる塊を形成している．活性汚泥槽は深さが4～6 mの巨大なプール状で，槽の下部から散気管を通し空気が微細な気泡として送られる．空気を送るために消費されるエネルギーは，下水処理場全体で消費する総エネルギーの半分以上を占める．下水は活性汚泥槽の中に6～8時間滞留し，活性汚泥による生物変換を受ける．BODのもととなる溶解性の有機物は，活性汚泥による同化(anabolism)と異化(catabolism)の反応により除かれる．同化とは，溶解性の有機物が活性汚泥の基質となり，新たな細胞(新生細胞)に変換する反応をさす．一方異化とは，活性汚泥を構成する微生物群が，溶解性有機物をCO_2とH_2Oまで酸化する反応をさす．同化と異化反応は生体内で同時に進行し，次のようにまとめることができる．

$$\text{溶解性有機物} + O_2 \rightarrow \text{新生細胞} + CO_2 + H_2O \tag{11.1}$$

活性汚泥による処理を終えた水は最終沈殿槽へ導かれ，固形分と処理水に分けられる．処理水のBOD値は数 mg L^{-1}に減少し，殺菌後放流されるか，さらに高度処理が施される．固形分は返送汚泥として再び活性汚泥槽へ循環される．このような汚泥の循環により，活性汚泥槽の汚泥濃度は一定に保たれる．同化反応で増えた分の汚泥は，返送汚泥から最初沈殿槽に戻され，流入下水に含まれる固形物とともに沈降分離され余剰汚泥となる．活性汚泥法は，分離のむずかしい溶解性有機物をCO_2とH_2Oまで酸化する反応と，沈降分離ができる新生細胞(活性汚泥)に変換する反応と，定義できる．

11.3 窒素の循環と水系からの除去

生物圏におけるマクロな窒素の循環を単純化し示したのが，図11.2である．窒素の循環には，比較的短期的なサイクルと長期的なサイクルがある．自然界では，排出されたアンモニアおよび硝酸態窒素は速やかに植物に吸収され，再び生物体に戻る．これが短期的な早いサイクルである．生物の排泄物および死骸に含まれる窒素は水素や炭素と結合し，負の酸化状態にある．アンモニアに代表される生物由来の窒素は，好気的条件下で細菌による酸化反応を受け，亜硝酸から硝酸へと変化する．

アンモニアの生物酸化反応(亜硝酸菌)

$$NH_4^+ + 1.5O_2 \rightarrow NO_2^- + H_2O + 2H^+ \tag{11.2}$$

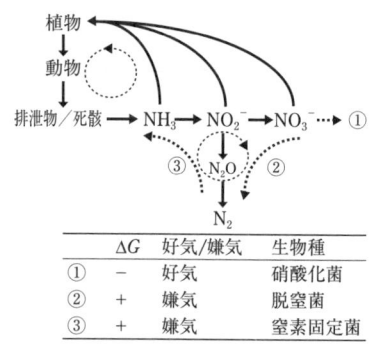

図 11.2 窒素の循環.

	ΔG	好気/嫌気	生物種
①	−	好気	硝酸化菌
②	+	嫌気	脱窒菌
③	+	嫌気	窒素固定菌

亜硝酸の生物酸化反応(硝酸菌)

$$NO_2^- + 0.5O_2 \rightarrow NO_3^- \qquad (11.3)$$

それぞれの反応を受けもつ細菌は,亜硝酸菌と硝酸菌である.両細菌は,窒素化合物の酸化反応により生育に必要なエネルギーを得,CO_2を唯一の炭素源として生育する.生育に必要な炭素をCO_2に求める細菌を,独立栄養細菌とよぶ.独立栄養細菌は,有機物を炭素源とする従属栄養細菌に比較し生育速度が遅い.一方,硝酸態窒素は嫌気的環境で脱窒菌とよばれる細菌によって還元反応を受け,窒素ガス(N_2)へと変化する.

亜硝酸の脱窒反応(脱窒素菌)

$$2NO_2^- + 3(H_2) \rightarrow N_2 + 2OH^- + 2H_2O \qquad (11.4)$$

硝酸の脱窒反応(脱窒素菌)

$$2NO_3^- + 5(H_2) \rightarrow N_2 + 2OH^- + 4H_2O \qquad (11.5)$$

N_2OとN_2はともに気体である.

マメ科の根に寄生する根粒菌やシアノ細菌とよばれる光合成原核生物は,大気に存在するガス状窒素を還元し,アンモニアを生成する.根粒菌が生成するアンモニアはマメ科の植物に提供され,植物からは窒素の還元に必要な有機物の供給を受ける.このような生物どうしの関係を共生とよぶ.このように,ガス状窒素を経由する窒素の循環が,長期的な遅いサイクルである.

活性汚泥法によっては,下水に含まれる窒素やリンなどの栄養塩を除くことができない.栄養塩を多く含む排水が河川や湖沼,閉鎖海域に流入すると水域が富栄養化

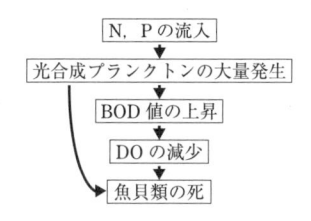

```
      N，Pの流入
         ↓
  光合成プランクトンの大量発生
         ↓
      BOD 値の上昇
         ↓
       DO の減少
         ↓
      魚貝類の死
```

図 11.3 富栄養化の機構.

(eutrophication) し，光合成活性をもつ植物プランクトンなどが異常増殖する．増殖したプランクトンの色により赤潮やアオコなどとよばれている．異常増殖したプランクトンは，魚のえらに詰まったり毒素を出したりして，水生生物に悪影響を与える．また，死滅したプランクトンは水域の BOD 値を増加する (図 11.3)．

　水環境から窒素を除くには，アンモニア態窒素を硝酸化反応でいったん亜硝酸または硝酸に酸化し，引き続きそれらを脱窒反応でガス状の窒素に還元する必要がある．しかし，硝酸化は好気反応であり，脱窒は嫌気反応である．生物化学的に窒素を除去するためには個別の槽を配置し，それぞれに硝化能と脱窒機能をもたせることが必要である．また，脱窒反応の電子供与体としてメタノールなどの有機物を添加する必要がある．1970 年代に検討されたプロセスは，BOD 酸化とアンモニアの硝酸化をばっ気槽で，その後段に脱窒反応のために嫌気槽を設けたものであった (図 11.4(a))．その後，ばっ気槽の前段に嫌気脱窒槽を設け，ばっ気槽流出水の一部を嫌気脱窒槽へ戻す循環法が主流となった (図 11.4(b))．循環法では，ばっ気槽で硝酸化反応により生じた硝酸・亜硝酸態窒素を嫌気脱窒槽に循環する．流入水の中には溶存性の有機物が含まれ，BOD 値に反映されている．嫌気脱窒槽では，これら溶存性の有機物が硝酸態窒素の還元反応における電子供与体として使用されるため，外部からメタノールなどの有機物を添加しなくともよい．しかし循環法では，ばっ気槽流出水をすべて循環することはできないことから，窒素の除去は一部に限られる．また，このような浮遊性活性汚泥を用いる処理プロセスは，増殖速度の遅い硝化細菌の濃度を高めるため，ばっ気槽での滞留時間が長く，装置の大型化を招いた．

　これらの課題に対処するために，固定化微生物の導入が行われた．固定化とは，不溶性の担体に生体触媒を高密度に保持する操作である．担体には高分子ゲル，セラミックス，不織布などが用いられる．また固定化の方法には，担体に結合する方法と包括する方法がある．結合法には，結合様式により共有結合法，イオン結合法，物理吸着法があり，結合強度はこの順番で弱くなる．共有結合法とイオン結合法はおもに酵素の固定化に用いられ，微生物の固定化には一般的に物理吸着法が用いられる．物理吸着法は，担体と微生物間の静電的相互作用や疎水的相互作用による吸着法である．ま

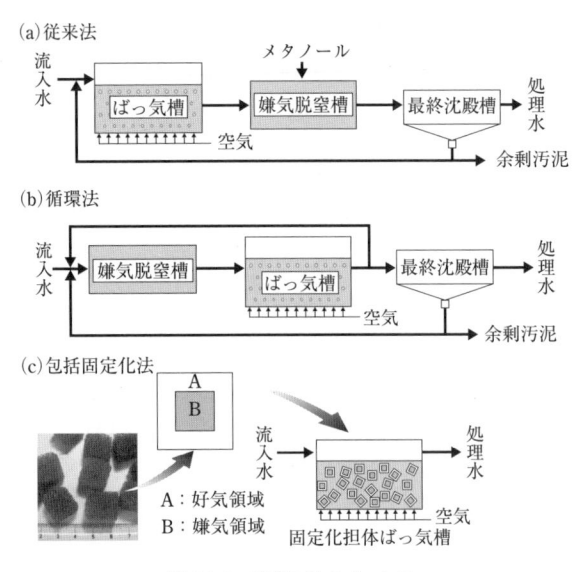

図 11.4 窒素の除去プロセス.

た，ある種の微生物は菌体外に多糖からなる細胞外マトリックスを分泌し，他の微生物の付着を促進する．包括法は低分子モノマーと微生物を混合し，のちに重合反応によりゲルを形成させ，微生物を閉じ込める方法である．固定化により，生体触媒の不溶化，微生物の高密度化による変換速度の増大が期待できる．

活性汚泥をポリウレタンスポンジに吸着固定化すると，担体表面は好気的環境が，担体内部は嫌気的環境が形成される（図 11.4(c)）．したがって，担体表面では BOD の好気的酸化とアンモニアの硝酸化反応が，担体内部では硝酸態窒素の脱窒反応が進行する．固定化による微生物機能の複合化である．固定化によって硝化細菌の流出が抑制でき，ばっ気槽での滞留時間を 6～8 時間に短縮することを可能とした．

11.4 リンの除去

微生物の代謝，増殖，エネルギー伝達などにおいてリンは重要な物質であり，核酸，ATP あるいは各種のリン酸エステルなどの形で菌体内に存在し，その量は菌体乾燥重量の 2～2.5% である．リンを取り込んだ微生物を余剰汚泥として処分することで，排水中のリンを除去することができる．図 11.5 に，リンと窒素の同時除去を目的とした anaerobic/anoxic/oxic (2AO) 法を示す．絶対分子状酸素も結合酸素（NO_3，NO_2 など）も存在しない嫌気 (anaerobic) 槽では，ポリリン酸蓄積菌によるポリリン酸の加

(a) 2AO法

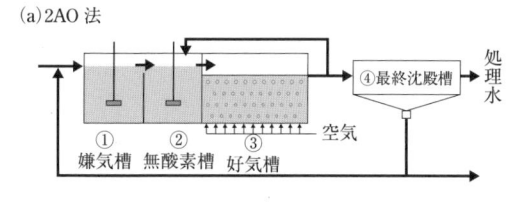

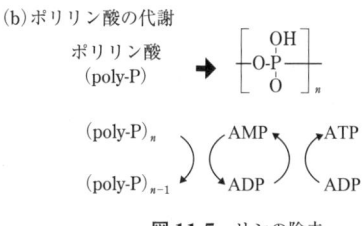

① 嫌気槽　② 無酸素槽　③ 好気槽　④ 最終沈殿槽　空気　処理水

(b) ポリリン酸の代謝

ポリリン酸 (poly-P) → $\left[\begin{array}{c} \text{OH} \\ \text{O-P} \\ \text{O} \end{array}\right]_n$

(poly-P)$_n$ ⇄ (poly-P)$_{n-1}$　AMP/ADP　ATP/ADP

図 11.5 リンの除去.

水分解，リンの溶出およびその際に生じるエネルギーを利用する有機物質（低級脂肪酸や BOD 成分）の菌体内への取込みが生じる．絶対嫌気状態を保持するために，ここでの BOD は 50 mg L^{-1} 以上にすることが要求される．分子状酸素が存在しない無酸素（anoxic）槽で脱窒反応が行われる．好気（oxic）槽では，菌体内蓄積有機物および新たに取り込まれた有機物の酸化，および poly-P 蓄積菌によるリンの取込みが活発に行われる．ここでの DO は 2 mg L^{-1} 以上であることと，BOD 濃度が低い状態で長時間曝気を続けると内生呼吸のためにリンが溶出するので，曝気時間を適正に保つことが重要である．最終沈殿池では，嫌気化によるリンの再溶出を防ぐために長時間の滞留を避け，排泥を速やかに行うことが要求される．流入水のリン濃度は 4～6 mg L^{-1} で，リン除去率は 75～92% である．嫌気槽におけるリンの溶出は有機物の摂取と密接な関係があり，有機物濃度が高いほどリンの溶出量も多く有機物摂取量も高い．また，リン溶出速度は汚泥濃度に比例し，零次反応的に進行する．一方，好気槽におけるリンの摂取速度は汚泥濃度とリン濃度とに比例し，リン濃度に関して一次反応で近似できる．リンは窒素，カリウムとともに肥料の三元素の 1 つである．下水に含まれるリンをポリリン酸蓄積菌の働きで濃縮し，肥料として利用する研究がされている．微生物の代謝活性をうまく利用し，下水に含まれる汚濁物質を除き，さらにそれらをエネルギーや有用物質に変換する技術開発が望まれる．

11.5　汚泥の処理

全国の下水処理場で発生する余剰汚泥の総量は，約 7,850 万 m^3（水分 97.2%，2009

11 微生物を用いる排水の浄化

(a) 余剰汚泥の減容化と有効利用

[図: ばっ気槽 → 最終沈殿槽 → 処理水、返送汚泥、空気、可溶化槽 → メタン発酵槽 → CH_4]

(b) 有機物の嫌気分解過程

菌体や有機物 (多糖, タンパク質, 脂質)
↓
単糖, アミノ酸, 脂肪酸, グリセロール
↓
脂肪酸, アルコール
↓
酢酸 ⇌ $H_2 + CO_2$
↓   ↓
$CH_4 + CO_2$ CH_4

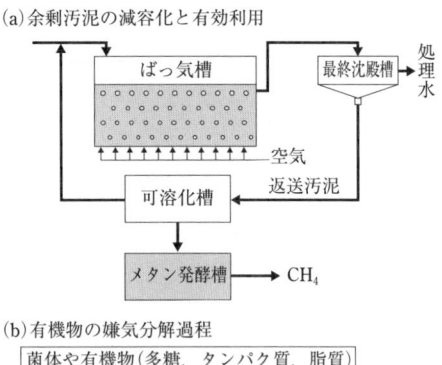

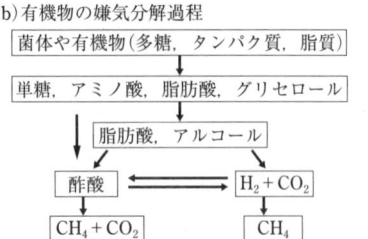

図 11.6 余剰汚泥の減容化とその有効利用.

年下水道統計)に達する．余剰汚泥の減容化には焼却処理が最も有効である．しかし，含水率が高く自燃しない場合は補助燃料を必要とする．一方，2009 年現在の埋立地残余年数は 10.6 年と見積もられている．有機性汚泥を減容化するプロセスが多く開発されている (図 11.6(a))．共通の原理は，汚泥を構成する微生物をさまざまな方法で溶菌し，再びばっ気槽に循環し，微生物に変換するサイクルを繰り返すことにある．溶菌された細胞片は他の微生物の基質となる．基質が再び微生物に変換される割合を菌体収率 (yield, $Y_{x/s}$) とよび，次のように定義される．

$$Y_{x/s} = \Delta x (新生細胞重量)/\Delta s (減少基質重量) \tag{11.6}$$

サイクルを n 回繰り返すと，汚泥量は $(Y_{s/x})^n$ に減少する．溶菌する方法には酸/アルカリ処理，熱処理，オゾン処理，好気-嫌気条件を繰り返す方法，加水分解酵素を分泌する菌を用いる方法などが提案されている．エネルギー消費が少なく $Y_{x/s}$ 値が小さい方法が，より好ましい．また，溶菌された汚泥を排水から窒素を除く (脱窒) 際のエネルギー源や，メタン発酵の原料に用いることが提案されている．

余剰汚泥には，活性汚泥の成分であるさまざまな菌体のほか，下水に由来する有機物や生物の死骸などが含まれる．汚泥によってばらつきはあるが，汚泥乾燥重量の約半分がタンパク質であり，その他に多糖，脂質，灰分などが含まれる．余剰汚泥を物理的，化学的，あるいは生物学的手法により可溶化し，嫌気的条件下で処理を行うと，

図11.6(b)に示すような過程を経て嫌気微生物群により低分子化する．可溶化した汚泥は，微生物が分泌する加水分解酵素の働きにより，単糖，アミノ酸，脂肪酸，グリセロールに分解され，その後，酢酸，プロピオン酸，酪酸などの揮発性脂肪酸，またはエタノールなどのアルコールに変換される．さらに，プロピオン酸や酪酸など炭素数が3以上の脂肪酸は，水素生成酢酸生成細菌によって水素と酢酸へ変換される．

メタンは嫌気条件下（H_2+CO_2）で，酢酸，メタノール，ギ酸，メチルアミンなどから，古細菌（archaea）の一種であるメタン生成細菌により，以下に示す反応で生成される．

H_2+CO_2から生成される場合

$$CO_2 + 4H_2 \rightarrow CH_4 + 2H_2O \quad \Delta G = -131 \text{ kJ mol}^{-1} \quad (11.7)$$

酢酸から生成される場合

$$CH_3COOH \rightarrow CH_4 + CO_2 \quad \Delta G = -59 \text{ kJ mol}^{-1} \quad (11.8)$$

メタノールから生成される場合

$$4CH_3OH \rightarrow 3CH_4 + CO_2 + 2H_2O \quad \Delta G = -31 \text{ kJ mol}^{-1} \quad (11.9)$$

メタンは，発熱量あたりのCO_2発生量が石炭や石油より少ないことから，比較的クリーンな燃料といえ，余剰汚泥をはじめとするさまざまな有機性廃棄物から生成されている．メタン発酵は，37℃近傍の中温で行う方法と55℃前後の高温で行う方法がある．一般に高温メタン発酵法のほうが発酵速度が速い．廃棄物の量を減らし，さらには廃棄物を資源化するバイオプロセスの開発が望まれる．

11.6 酸素の供給

バイオプロセスには，活性汚泥法におけるばっ気槽（図11.1参照）のように，気相に含まれる成分を液相に溶解させる操作が多く含まれる．溶かすべき成分を溶質（solute），液を溶媒（solvent）とよぶ．たとえば，細菌や動物細胞の培養には酸素が必要であり，空気に含まれる酸素をいかに効率よく培地に供給するかを工夫することが，バイオリアクターを設計するうえで重要となる．図11.7に示すように，静止水面の上層に気相が存在している場を考える．気液接触界面近傍には，それぞれガス境膜（gas boundary film）と液境膜（liquid boundary film）が形成される．境膜に存在する液体または気体は静止しているか，層状をなす流れ（層流，laminar flow）を形成する．境膜を介した物質移動は拡散に限られ，界面を介した物質移動における律速段階は両境膜

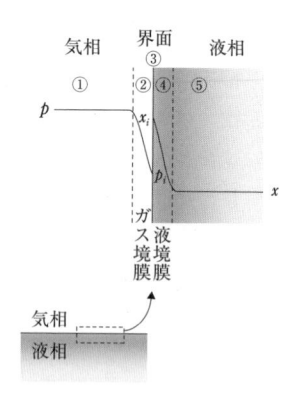

図 11.7 気液界面における溶解過程.

を通した拡散過程である．このように，界面を挟んでその両側に境膜が存在するモデルを，二重境膜説(double thin film theory)とよんでいる．

気相中の成分が液相に溶解する際の物質移動は，次の5段階を経て進行する．
① ガス本体からガス境膜への対流による速やかな移動
② ガス境膜内の拡散によるゆっくりした移動
③ 気液接触界面における速やかな溶解
④ 液境膜内の拡散によるゆっくりした移動
⑤ 液本体の対流による速やかな移動

気液接触界面においては物質移動の抵抗はなく，速やかに平衡に達し，界面における平衡関係は，次に示すHenry(ヘンリー)の法則が成立すると仮定する．

$$p = HC \tag{11.10}$$

この式において，p は溶質の分圧(Pa)，C は溶質のモル分率(−)，H はHenry定数(Pa)である．Henry定数は，溶質の液相と気相に対する分配係数($H = p/C$)と捕えることがきる．Henryの法則は，希薄溶液または難溶性気体の溶解において成立する．定常状態においては，ガス境膜と液境膜を通過する溶質のフラックス(F_m)は等しいことから，次式が成立する．

$$F_m = D_G \frac{p - p_i}{\delta_G} = D_L \frac{C_i - C}{\delta_L} \tag{11.11}$$

この式で，D_G, D_L はそれぞれ溶質のガス境膜および液境膜内分子拡散係数，p_i, C_i は溶質の界面における分圧とモル分率，δ_G, δ_L はガス境膜および液境膜の厚みを示す．境膜の厚みを測定することはむずかしい．そこで，分子拡散係数を境膜の厚みで割っ

た値を新たな変数として，以下のように定義する．

$$k_G = \frac{D_G}{\delta_G} \tag{11.12}$$

$$k_L = \frac{D_L}{\delta_L} \tag{11.13}$$

したがって，(11.11)式は次のように書きあらためることができる．

$$F_m = k_G(p - p_i) = k_L(C_i - C) \tag{11.14}$$

k_G，k_Lはそれぞれガス側および液側の境膜物質移動係数とよぶ．(11.14)式において，溶質の界面における分圧とモル分率を測定することは困難である．そこで，Cに対する平衡分圧をp^*，pに対する平衡モル分率をC^*とそれぞれ定義すると，p^*，C^*およびp_i，C_iは，Henryの法則により以下のように表すことができる．

$$p^* = HC \tag{11.15}$$

$$p = HC^* \tag{11.16}$$

$$p_i = HC_i \tag{11.17}$$

(11.16)と(11.17)式の関係を(11.14)式に代入し整理すると，測定困難なC_iを消去することができる．

$$F_m = Hk_G(C^* - C_i) = k_L(C_i - C) = \frac{C^* - C}{\frac{1}{Hk_G} + \frac{1}{k_L}} \equiv K_{OL}(C^* - C) \tag{11.18}$$

$$\frac{1}{K_{OL}} \equiv \frac{1}{Hk_G} + \frac{1}{k_L} \tag{11.19}$$

この式で，K_{OL}を液側基準の総括物質移動係数とよび，$(C^* - C)$を推進力とするフラックスの比例定数と定義できる．C^*は，気相本体の溶質の分圧pがわかればHenry定数から求めることのできる値である．

細胞の酸素要求量は多くの因子に影響される．最も重要なものは，細胞種，培養増殖期，および培地の炭素源である．回分培養では，細胞の濃度が回分培養中で増加し，全酸素摂取速度はその時の細胞数に比例するから，酸素摂取速度は時間とともに変わる．細胞あたりの酸素摂取速度は，比酸素摂取速度(specific oxygen uptake rate)とよばれる．比酸素摂取量が大きい指数増殖期で，最大値を示す．Qを単位体積あたりの酸素摂取速度とすれば，比酸素摂取速度であるqとは次の関係がある．

$$Q = qx \tag{11.20}$$

　細胞が培地中に分散され，培養液本体がよく混合されているとき，酸素移動のおもな抵抗は気泡の液境膜となる．この境膜を通しての輸送が酸素移動の全過程の中で律速段階になり，総括的な物質移動速度を支配する．定常状態では培養槽内のどこの場所でも酸素の蓄積はないから，気泡からの酸素移動速度は細胞による酸素摂取速度に等しいと仮定できる．一般に，ガス境膜の物質移動係数は液境膜のそれより大きい（$k_G \gg k_L$）．したがって，(11.19)式から $K_{OL} \equiv k_L$ とみなすことができる．したがって，次式を得る．

$$K_{OL}a(C^* - C) \equiv k_L a(C^* - C) = qx \tag{11.21}$$

$k_L a$ は培養槽の酸素移動能力を特徴づけている．k_L と a を個別に評価することがむずかしいので，$k_L a$ をひとまとめに酸素移動容量係数（volumetric oxygen transfer coefficient）とよぶ．培養液中の酸素移動速度は，k_L，a または移動推進力の $(C^* - C)$ のどれかを変化させる物理的あるいは化学的因子に影響される．一般的な経験則として，培養液の k_L は，直径 2〜3 mm より大きな気泡に対しては約 $3〜4 \times 10^{-4}$ ms^{-1} であり，より小さい気泡に対しては 1×10^{-4} ms^{-1} とされている．気泡径が 2〜3 mm 以上であれば，k_L は比較的一定で条件を変えてもあまり変わらない．もし酸素移動速度の実質的な改善が必要とされる場合は，気泡の界面積を増やすことが有効である．実際の培養槽では，一般に $k_L a$ の値は 0.02 s^{-1} から 0.25 s^{-1} までの範囲の中にある．

付　　録

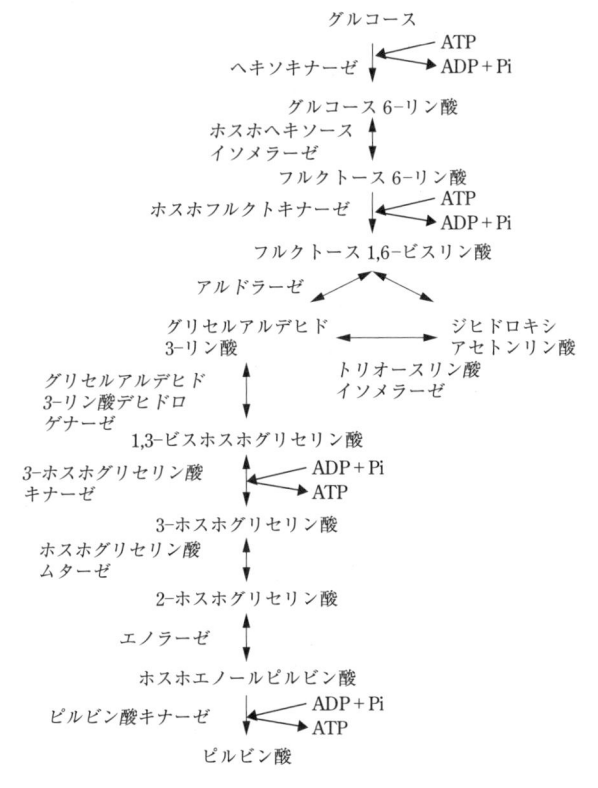

```
                        グルコース
                              │ ┌─ ATP
        ヘキソキナーゼ          ↓ └→ ADP + Pi
                      グルコース 6-リン酸
        ホスホヘキソース       ↕
        イソメラーゼ
                      フルクトース 6-リン酸
                              │ ┌─ ATP
        ホスホフルクトキナーゼ  ↓ └→ ADP + Pi
                      フルクトース 1,6-ビスリン酸
        アルドラーゼ        ↙     ↘
        グリセルアルデヒド        ジヒドロキシ
        3-リン酸                  アセトンリン酸
                            トリオースリン酸
                            イソメラーゼ
        グリセルアルデヒド   ↕
        3-リン酸デヒドロ
        ゲナーゼ
                      1,3-ビスホスホグリセリン酸
                              │ ┌─ ADP + Pi
        3-ホスホグリセリン酸    ↓ └→ ATP
        キナーゼ
                      3-ホスホグリセリン酸
        ホスホグリセリン酸   ↕
        ムターゼ
                      2-ホスホグリセリン酸
        エノラーゼ          ↕
                      ホスホエノールピルビン酸
                              │ ┌─ ADP + Pi
        ピルビン酸キナーゼ      ↓ └→ ATP
                      ピルビン酸
```

付録 1　解糖系．斜体は酵素を表わす．

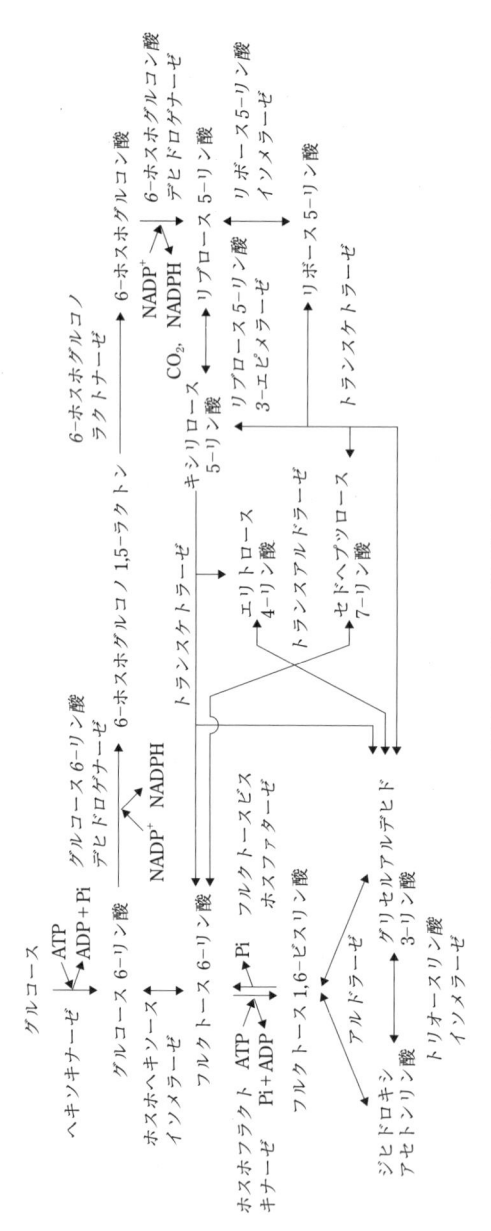

付録 2　ペントースリン酸回路.

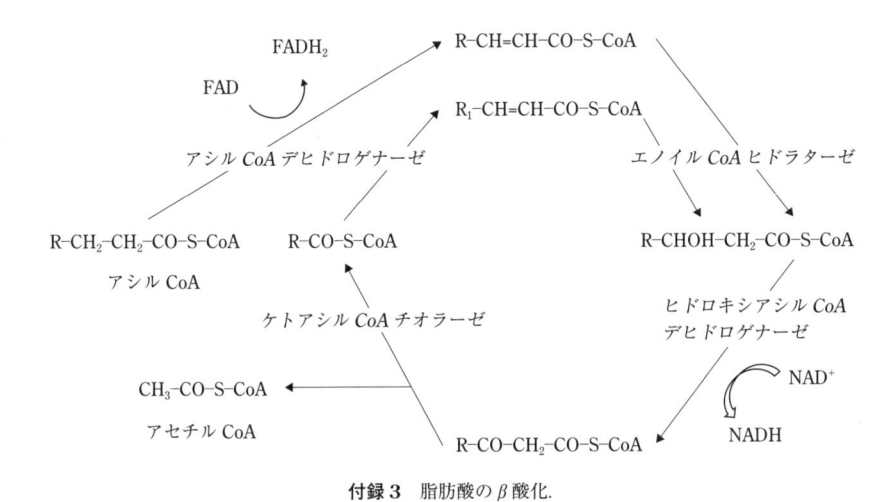

付録

付録3 脂肪酸の β 酸化.

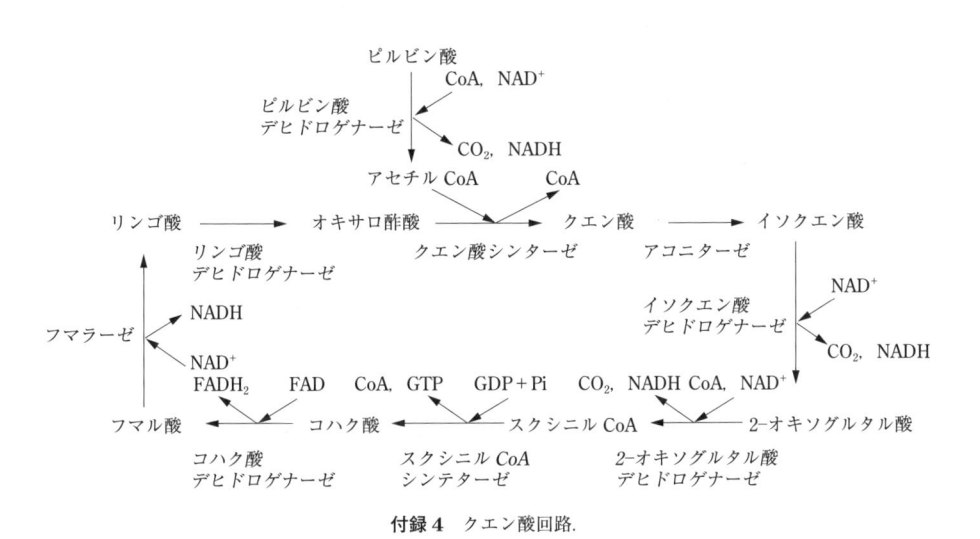

付録4 クエン酸回路.

177

付　録

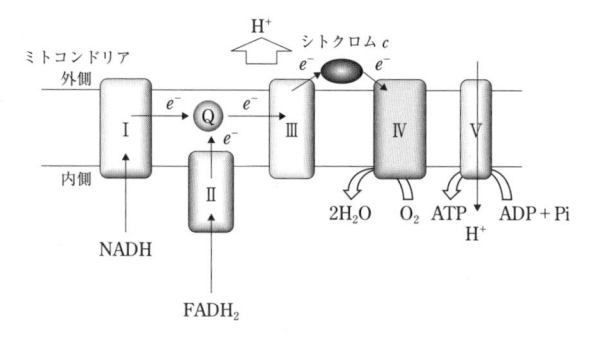

付録 5　電子伝達系.

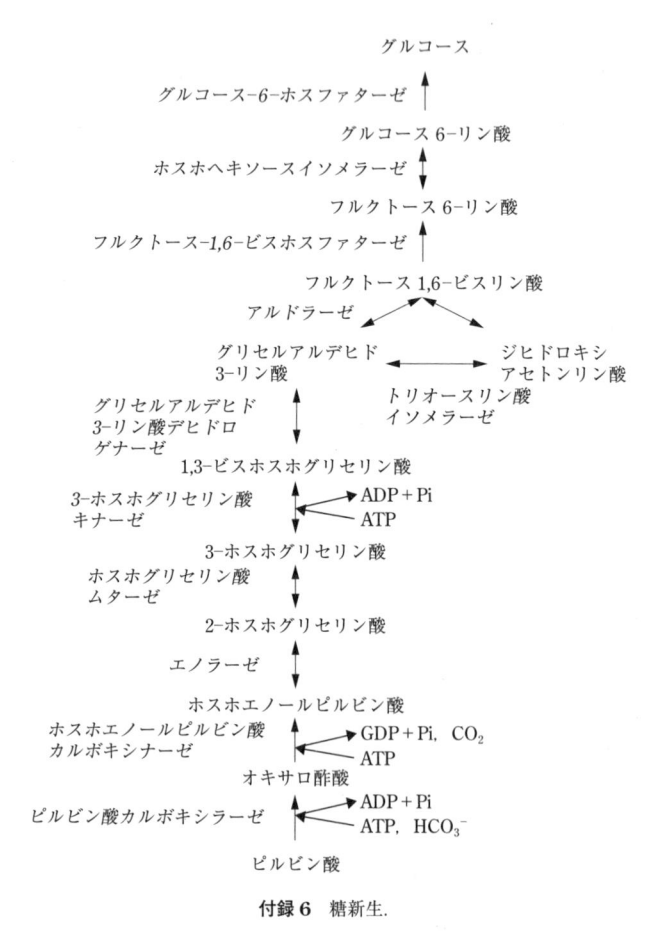

付録 6　糖新生.

178

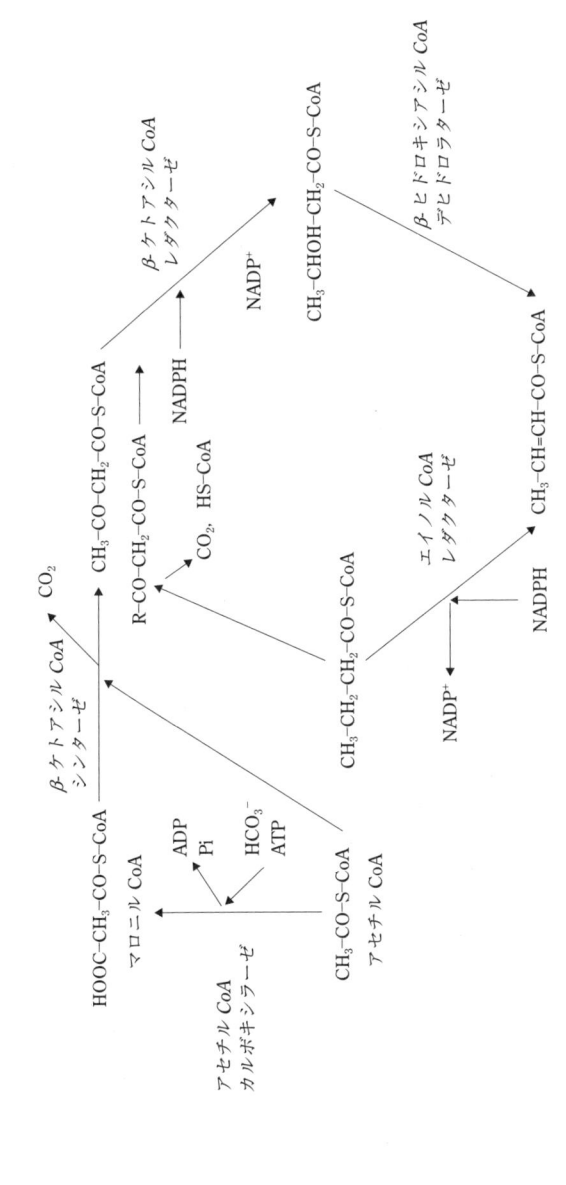

付録 7　脂肪酸生合成.

付　録

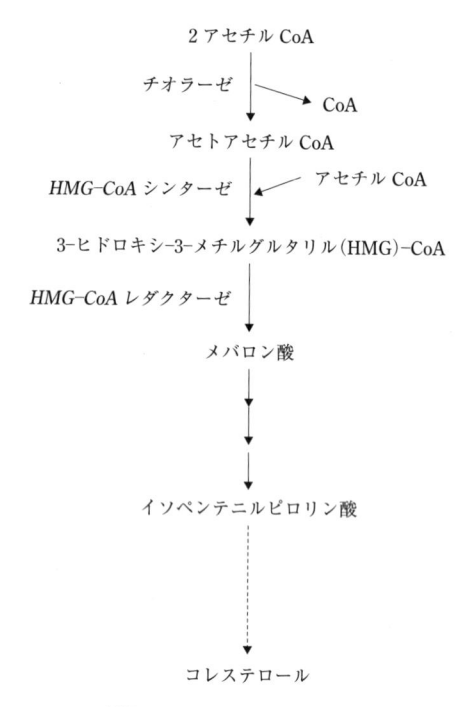

```
                    2 アセチル CoA
        チオラーゼ    │
                    │ ──→ CoA
                    ▼
                アセトアセチル CoA
    HMG–CoA シンターゼ │ ←── アセチル CoA
                    ▼
        3-ヒドロキシ-3-メチルグルタリル(HMG)-CoA
    HMG–CoA レダクターゼ │
                    ▼
                  メバロン酸
                    │
                    ▼
                    ┊
                    ▼
              イソペンテニルピロリン酸
                    │
                    ┊
                    ▼
                 コレステロール
```

付録 8　コレステロール生合成.

参 考 書

[第1章]
- J. D. Watson, T. A. Baker, S. P. Bell, A. Gann, M. Levine, R. Losick, ワトソン遺伝子の分子生物学第6版, 東京電機大学出版局(2008)
- D. O. Morgan, *The Cell Cycle: Principles of Control*, Oxford University Press(2007)
- E. C. Friedberg, G. C. Walker, W. Siede, R. D. Wood, R. A. Schultz, T. Ellenberger, *DNA Repair and Mutagenesis*, ASM Press(2005)
- H. Masai, S. Matsumoto, Z. You, N. Yoshizawa-Sugata, M. Oda, *Eukaryotic Chromosome DNA Replication: Where, When, and How?*, *Annu. Rev. Biochem.*, **79**, 89-130(2010)
- T. Hirano, *Condensins: Universal Organizers of Chromosomes with Diverse Functions*, *Genes Dev.*, **26**, 1659-1678(2012)
- I. Kamileri, I. Karakasilioti, G. A. Garinis, *Nucleotide Excision Repair: New Tricks with Old Bricks*, *Trends Genet.*, **28**, 566-573(2012)
- M. R. Lieber, *The Mechanism of Double-strand DNA Break Repair by the Nonhomologous DNA End-joining Pathway*, *Annu. Rev. Biochem.*, **79**, 181-211(2010)
- W. D. Heyer, K. T. Ehmsen, J. Liu, *Regulation of Homologous Recombination in Eukaryotes*, *Annu. Rev. Genet.*, **44**, 113-139(2010)
- K. A. Cimprich, D. Cortez, *ATR: An Essential Regulator of Genome Integrity*, *Nat. Rev. Mol. Cell. Biol.*, **9**, 616-627(2008)

[第2章]
- 左右田健次, 中村　聡, 高木博史, 林　秀行, タンパク質　科学と工学, 講談社(1999)
- 大倉一郎, 北爪智哉, 中村　聡, 新版　生物工学基礎, 講談社(2002)
- 奥　忠武, 北爪智哉, 中村　聡, 西尾俊幸, 河内　隆, 廣田才之, 生物有機化学入門, 講談社(2006)

[第5章]
- 室伏きみ子, 関　啓子(監訳), Brock 微生物学, オーム社(2003)
- 田宮信雄ほか訳, ヴォート生化学, 上, 下, 東京化学同人(2012, 2013)
- 大嶋泰治ほか編, IFO 微生物学概論, 培風館(2010)

[第6章]
- 永井和夫, 大森　斉, 町田千代子, 金山直樹, 改訂　細胞工学, 講談社(2010)

[第7章]
- L. Stryer et al., *Biochemistry, 6th ed.*, W. H. Freeman & Co. Ltd.(2006)
- W. H. Elliott, D. C. Elliott, *Biochemistry and Molecular Biology, 4th ed.*, Oxford University Press(2009)
- K. Siddle, *Signalling by Insulin IGF Receptors: Supporting Acts and New Players*, *J. Mol. Endocrinol.*, **47**, R1-R10(2010)
- M. D. Klok et al., *The Role of Leptin and Ghrelin in the Regulations of Food Intake and Body Weight in Humans: A Review*, *Obesity Review*, **8**, 21-34(2007)
- I. Quesada et al., *Physiology of the Pancreatic α-Cell and Glucagon Secretion: Role in Glucose Homoeostasis and Diabetes*, *J. Endocrinol.*, **195**, 5-19(2008)
- T. Kadowaki, T. Yamauchi, *Adiponectin and Adiponectin Receptors*, *Endocrine Rev.*, **26**, 439-451(2005)

参考書

[第8章]
- 宮園浩平ほか編，細胞増殖因子研究の最前線'97〜98，実験医学増刊，vol. 15，羊土社(1997)
- S. Kizaka-Kondoh, S. Tanaka, H. Harada, M. Hiraoka, *The HIF-1 Active Microenvironment: An Environmental Target for Cancer Therapy, Advanced Drug Delivery Reviews*, **61**(7-8), 623-632 (2009)
- がんの低酸素バイオロジー，実験医学，vol. 25，羊土社(2007)
- World Cancer Research Fund, American Institute for Cancer Research Food, Nutrition, Physical Activity, The Prevention of Cancer, *A Global Perspective, The Second Expert Report*,(2007)
- 独立行政法人国立がん研究センターがん情報サービス，がんの基礎知識．http://ganjoho.jp/public/dia_tre/knowledge/index.html
- 田中隆明，山本　雅編，改訂第3版　分子生物学イラストレイテッド，羊土社(2009)

[第9章]
- J. W. Gordon, G. A. Scangos, D. J. Plotkin, J. A. Barbosa, F. H. Ruddle, *Genetic Transformation of Mouse Embryos by Microinjection of Purified DNA, Proc. Natl. Acad. Sci. U.S.A.*, **77**, 7380-7384 (1980)
- A. Nagy, V. Kristina, M. Gertsenstein, R. Behringer, 山内一也ら訳，マウス胚の操作マニュアル，近代出版(2005)
- S. L. Mansour, K. R. Thomas, M. R. Capecchi, *Disruption of the Proto-oncogene int-2 in Mouse Embryo-derived Stem Cells: A General Strategy for Targeting Mutations to Non-selectable Genes, Nature*, **336**, 348-352(1988)
- M. J. Evans, M. H. Kaufman, *Establishment in Culture of Pluripotential Cells from Mouse Embryos, Nature*, **292**, 154-156(1981)
- S. Scherer, R. W. Davis, *Replacement of Chromosome Segments with Altered DNA Sequences Constructed in vitro, Proc. Natl. Acad. Sci. U.S.A.*, **76**, 4951-4955(1979)
- O. Smithies, R. G. Gregg, S. S. Boggs, M. A. Doralewski, R. S. Kucherlapati, *Insertion of DNA Sequences into the Human Chromosomal Beta-globin Locus by Homologous Recombination, Nature*, **317**, 230-234(1985)
- K. R. Thomas, M. R. Capecchi, *Introduction of Homologous DNA Sequences into Mammalian Cells Induces Mutations in the Cognate Gene, Nature*, **324**, 34-38(1986)
- K. R. Thomas, M. R. Capecchi, *Site-directed Mutagenesis by Gene Targeting in Mouse Embryo-derived Stem Cells, Cell*, **51**, 503-512(1987)
- 八木　健編，ジーンターゲティングの最新技術，羊土社(2000)

[第10章]
- M. J. Evans et al., *Establishment in Culture of Pluripotential Cells from Mouse Embryos, Nature*, **292**, 154-156(1981)
- G. R. Martin, *Isolation of a Pluripotent Cell Line from Early Mouse Embryos Cultured in Medium Conditioned by Teratocarcinoma Stem Cells, Proc. Natl. Acad. Sci. U.S.A.*, **78**, 7634-7638(1981)
- J. A. Thomson, J. Kalishman, T. G. Golos, M. Durning, C. P. Harris, J. P. Hearn, *Pluripotent Cell Lines Derived from Common Marmoset (Callithrix Jacchus) Blastocysts, Biol. Reprod.*, **Aug 55** (2), 254-9(1996)
- J. A. Thomson et al., *Embryonic Stem Cell Lines Derived from Human Blastocystes. Science*, **282**, 1145-1147(1998)
- J. B. Gurdon, *The Developmental Capacity of Nuclei Taken from Intestinal Epithelium Cells of Feeding Tadpoles, J. Embryol. Exp. Morph.*, **10**, 622-640(1962)
- K. H. Cambell, J. McWhir, W. A. Ritchie, I. Wilmut, *Sheep Cloned by Nuclear Transfer from a Cultured Cell Line, Nature*, **380**, 64-66(1996)
- I. Wilmut, A. E. Schnieke, J. McWhir, A. J. Kind, K. H. Cambell, *Viable Offspring Derived from Fetal and Adult Mammalian Cells, Nature*, **386**, 200(1997)
- K. Takahashi, S. Yamanaka, *Induction of Pluripotent Stem Cells from Mouse Embryonic and Adult Fibroblast Cultures by Defined Factors, Cell*, **126**, 663-676(2006)
- K. Takahashi, K. Tanabe, M. Ohnuki, M. Narita, T. Ichisaka, K. Tomoda, S. Yamanaka, *Induction of Pluripotent Stem Cells from Adult Human Fibroblasts by Defined Factors, Cell*, **131**, 861-872 (2007)

索　引

あ
アイソザイム　126
アーキア　78, 171
悪性腫瘍　113
アゴニスト　45
足場非依存性増殖能　123
アセチル CoA カルボキシラーゼ　91
アセトン・ブタノール・エタノール発酵　83
アディポネクチン　111
アデノシン 5′-三リン酸（ATP）　71, 77, 101
アドレナリン　106
アニオン性界面活性剤　37
アノイキス　118, 151
アポトーシス　118
　——抑制因子　134
アミノ酸発酵　87
アルコール発酵　87
アロステリックな阻害　94
アンタゴニスト　46
アンドロゲン受容体　44

い
異化代謝　71, 101
育種　87
遺伝子ターゲティング法　138, 139
遺伝子発現　41
インスリン　106
　——受容体　107
インバースアゴニスト　46

う・え・お
ウイルスベクター　152
うま味　88
栄養塩　166
液境膜　171
エストロゲン受容体　44
エタノール発酵　82
エネルギー代謝制御　101
エピジェネテイクス　61, 118
エピトープ　65
エフェクター結合部位　96
エレクトロポレーション　152
塩基除去修復　13
2-オキソグルタル酸脱水素酵素複合体　91
オーファン受容体　42
オペレーター　26
オペロン　26, 27

か
解糖系　73, 175
外来遺伝子発現系　25
化学合成独立栄養微生物　84
核酸発酵　87
核内受容体　41
ガス境膜　171
活性汚泥法　164
活性酸素　130
カルシウム・カルモジュリン依存性プロテインキナーゼキナーゼ　111
がん　113
　——遺伝子　120
　——化シグナル　126
　——特異的免疫賦活療法　128
　——抑制遺伝子　120
還元型フェレドキシン　78
幹細胞マーカー　130
機械刺激感受性イオンチャンネル　92

き
奇形腫　156
基質レベルのリン酸化　72
逆方向反復配列　44
境膜物質移動係数　173

索引

く

クエン酸回路 74, 177
組換え修復機構 118
グルカゴン 106, 108
　──受容体 108
グルコーストランスポーター 103, 106, 133
グルタチオン S-トランスフェラーゼ 34
グルタミン酸塩 88
グルタミン酸発酵 90
グレリン 110

け

血液細胞がん 113
ゲノム育種 97
嫌気呼吸 76
減数分裂 6
　──組換え 21

こ

コアクチベーター 43
光合成原核生物 166
甲状腺ホルモン受容体 50
合成依存的 DNA 鎖アニーリング修復 18
酵母人工染色体 145
呼吸 74
固形がん 113
固定化微生物 167
コヒーシン 2
コピー数 31
コリプレッサー 43
コンセンサス配列 25
コンディショナルノックアウトマウス 141
コンデンシン 2
コンベンショナルノックアウトマウス 141
根粒菌 166

さ

サービビン 134

再折りたたみ 37
細菌人工染色体 145
サイクリン 1
細胞外マトリクス 153
細胞株 154
細胞系 154
細胞死 118, 151
細胞周期 1
細胞培養技術 149
酸化還元反応 73
酸化的リン酸化 72
酸素移動容量係数 174
サンドイッチ法 68

し

シグナルペプチド 32
自己複製能 123
脂質付加 62
ジスルフィド結合 56
質量分析法 66
シュゴシン 3
腫瘍マーカー 68
硝酸化反応 167
硝酸呼吸 76
初期胚 155
初代培養細胞 153
自律複製配列 7
人工代謝オペロン 147

す

膵 α 細胞 108
膵 β 細胞 106
スティックランド反応 83
ステロイドホルモン受容体 52
スナッピング分裂 89
スピンドル 4
　──集合チェックポイント 23

せ

生活習慣病 115
生物学的除去修復 80

生物的水素生産　80
生理活性ペプチド部位　60
切断誘導型複製　18
接着培養　151
接着分子　151
セパラーゼ　3
選択的受容体調節薬　46
セントロメア　3
全能性　155, 156

そ
相同(的)組換え　16, 140
相同性依存的修復　18
相同染色体　6
組織幹細胞　116
損傷トレランス経路　20
損傷乗り越え複製　20

た・ち
体細胞分裂　1
代謝　101
タグ　34
脱分化　126
ターミネーター　29
炭酸呼吸　78
タンデム質量分析計　67
タンパク質メチル化　61
チェックポイント　22, 117
窒素の循環　165
直接修復　11
直接発酵法　89
直列反復配列　45

て
低酸素応答転写因子　129
低酸素状態　129
テトラサイクリン
　　——応答因子　143
　　——調節トランス活性化因子　143
　　——誘導系　143
テラトーマ　156

電位依存性カルシウムチャンネル　106
電子供与体　73
電子受容体　73
電子伝達系　74, 178
転写因子　41
転写調節領域　145
テンプレートスイッチ　21

と
同化代謝　71, 101
凍結保存　153
糖鎖付加　62
糖質コルチコイド受容体　53
動物実験代替システム　161
ドキシサイクリン　143
独立栄養細菌　166
トランスジェニックマウス　137
トランスジェネシス　137
トランスフェクション　146
トリカルボン酸回路　74
トリプトファンオペロン　27
トレオニン合成　95

な・に・ぬ・ね
内分泌　106
二重境膜説　172
二本鎖切断　15
乳酸発酵　82
ヌクレオチド除去修復　14
ネクローシス　118
熱ショックタンパク質　38

は
バイオマーカー　68
バイオリアクター　171
バイオリーチング　85
バイシストロン性　144
胚性幹細胞　140, 157
胚性腫瘍細胞　156
発がん　114
　　——ウイルス　119

185

索　引

発現ベクター　26
発酵　74

ひ

ビオチン　91
光回復　11
比酸素摂取速度　173
ヒスチジン-タグ　34
微生物叢　164
非相同末端結合　16, 18
ビタミンD受容体　52
ヒドロキシル化　63
標的遺伝子ノックアウト法　137
ピログルタミル化　63

ふ

ファルネシル化　62
フィードバック制御　94
封入体　35
不可逆反応　102
複製起点　7
　　——認識複合体　7
複製後修復　20
複製フォーク　10
複製前開始複合体　7
物理吸着法　167
浮遊培養　151
プランクトン　167
プレシナプティックフィラメント　17
プレプロ体　60
プロセシング　59
プロテアーゼ　31, 64
プロテアソーム系　64
プロテインキナーゼ　107, 109
プロテオミクス解析　67
プロトン濃度勾配　74
プロモーター　25
分化多能性　140
分子拡散係数　172
分子間相互作用　59
分子シャペロン　38

分泌生産　33

へ

ヘアピンループ　29
ペプチドマスフィンガープリント法　67
ペリプラズム　32
ペルオキシゾーム増殖剤応答性受容体　51
ペントースリン酸回路　75

ほ

紡錘体→スピンドル
ポリウレタンスポンジ　168
ホリデイ構造　18
ポリリン酸蓄積菌　168
ポルフィリン　70
ホルミル化　63
ホルモン　106
　　——応答配列　43
翻訳後修飾　61

ま・み

マイクロインジェクション　151
マイクロホモロジー仲介型末端結合　16
マクロファージ　119
ミスマッチ修復　11
ミニストイル化　62
ミニマムゲノムファクトリー　98
未分化能の維持　123

む・め・も

無性生殖　6
メタン生成　78
　　——細菌　171
免疫　128
モノシストロン性　144

ゆ・よ

融合タンパク質　33
有性生殖　6
優性ネガティブ型　139
ユビキチン付加　63

索引

余剰汚泥　164

ら・り
ラクトースオペロン　26
リガンド　45
　——結合領域　43
律速反応　94
リボソーム結合配列　30
リポフェクション　151
硫酸呼吸　76
緑色蛍光タンパク質　145
リン酸基付加　61
リンの除去　168

れ・ろ・わ
レアコドン　31
レチノイドX受容体　44
レチノイン酸受容体　45
レトロウイルス　119
レプチン　110
レプリソーム　10
レプレッサー　26
ロイシンジッパー構造　59
ワールブルク効果　124, 133

欧文
AMP活性化タンパク質キナーゼ　102
ATP
　——加水分解酵素（ATPase）活性　38
　——感受性カリウムチャンネル　106
　——合成酵素　75
BOD　163
COD　163
Corynebacterium glutamicum　89
Cre（Cre recombinase）　142
Cre-*loxP*系　142
DNA
　——結合領域　42
　——損傷チェックポイント　22
　——複製　7
　——ポリメラーゼ　7
Edman分解法　62
ELISA法　65
Entner-Doudoroff経路　74
ES cell　139, 140
ESI型　66
FDG-PET　125
G0期　117
Gタンパク質共役型受容体　41
GFP　145
GPIアンカー　62
GST　34
Henryの法則　172
iPS　160
　——細胞　126, 159
*lac*オペロン　26
MALDI型　66
MAPキナーゼ　131
N-結合型グリコシル化　62
O-結合型グリコシル化　62
P-glycoprotein　129
SD配列　30
Shine-Dalgarno　30
SMC　2
tac（*trc*）プロモーター　28
*trp*オペロン　27
TCA回路　91
TOF型　66
Western blot　65
zymogen　64
αヘリックス　59
β-ガラクトシダーゼ　145
βシート　59
ρ因子　29

187

◆編者紹介◆

梶原　将（かじわら　すすむ）　博士（理学）

1988 年東京工業大学工学部化学工学科卒業．1993 年同大学院総合理工学研究科博士課程修了．
1993 年キリンビール（株）研究員．1995 年東京工業大学工学部助手，同生命理工学部講師，同大学院生命理工学研究科助教授，准教授を経て，2012 年同教授．
専門は生化学，微生物学．
主要図書：酵素 利用技術大系（共著，NTS 社），バイオ系のための基礎化学問題集（共編，講談社）

NDC　430　　198 p　　21 cm

生命理工系のための大学院基礎講座——生物化学

2014 年　4 月 10 日　第 1 刷発行

編　者　　梶原　将（かじわら　すすむ）
発行者　　笠原　隆
発行所　　工学図書株式会社
　　　　　〒113-0021　東京都文京区本駒込 1-25-32
　　　　　電話(03)3946-8591
　　　　　FAX(03)3946-8593
印刷所　　株式会社双文社印刷

©Susumu Kajiwara, 2014 Printed in Japan

ISBN978-4-7692-0497-8

シリーズ「バイオ研究のフロンティア」

1. 環境とバイオ

田中信夫／編

Ａ５版　148p　定価：本体 2,400 円（税別）

「環境」をキーワードに、細分化されたテーマ「生命」の統合をめざす。東京工業大学・生命理工学の最先端で活躍する研究者による、ホットな話題のやさしい解説。

環境と生命のふれあいを紹介。生命を作る「部品」、進化と環境、環境と適応、環境と健康、生物の利用など、生命理工学最前線をやさしく解説。

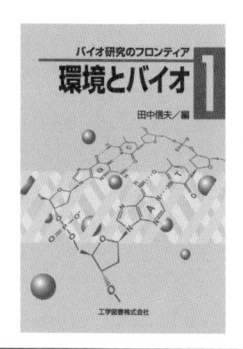

2. 酵素・タンパク質をはかる・とらえる・利用する

岡畑恵雄・三原久和／編

Ａ５版　188p　定価：本体 2,700 円（税別）

酵素・タンパク質の構造・機能・特性を、最先端の計測・捕捉技術を用いて解析。さらに、それらの最新の利用・操作についても紹介。学部上級・大学院生に向け、やさしく解説。

生命時空間ネットワークにおける、生体分子群の解析技術の向上をめざし、東京工業大学・生命理工学研究科を中心とする 17 名の執筆者が、第一線の研究を紹介！

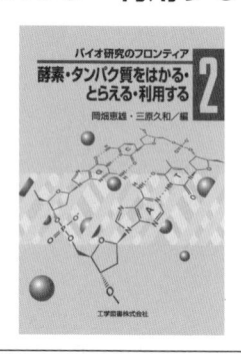

3. 医療・診断をめざす先端バイオテクノロジー

関根光雄／編

Ａ５版　186p　定価：本体 2,800 円（税別）

医療に役だつ生体分子検出技術、細胞・生体分子の機能解明と活用、さらに生体機能分子創出における有機化学的アプローチ、などの視点から、最先端のテーマを大学院・学部上級生に向け、やさしく解説。

医療・診断に結びつく最先端のバイオテクノロジーについて、東京工業大学・生命理工学研究科ならびに東京医科歯科大学を中心とする 29 名の執筆者が、最新の研究成果を紹介！

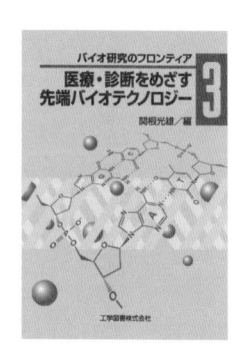

工学図書株式会社